U0258533

时间的玫瑰

魅惑のオールドローズ図鑑

[日]御巫由纪 著
[日]大作晃一 摄影
药草花园 译
王国良 审订

中信出版集团 | 北京

图书在版编目（CIP）数据

时间的玫瑰 / (日) 御巫由纪著 ; (日) 大作晃一摄影 ; 药草花园译 . -- 北京 : 中信出版社 , 2020.1 (2022.7 重印)
ISBN 978-7-5217-0882-0

Ⅰ . ①时… Ⅱ . ①御… ②大… ③药… Ⅲ . ①玫瑰花—普及读物 Ⅳ . ① S685.12-49

中国版本图书馆 CIP 数据核字 (2019) 第 160179 号

MIWAKU NO OLD ROSE ZUKAN by Yuki Mikanagi, Koichi Osaku

Original Japanese edition published by SEKAI BUNKA PUBLISHING INC., Tokyo.

This Simplified Chinese language edition is published by arrangement with
SEKAI BUNKA PUBLISHING INC., Tokyo in care of Tuttle-Mori Agency, Inc., Tokyo
through Future View Technology Ltd., Taipei City.

时间的玫瑰

著　　者：[日] 御巫由纪
摄　　影：[日]大作晃一
译　　者：药草花园
审　　订：王国良
出版发行：中信出版集团股份有限公司
　　　　（北京市朝阳区惠新东街甲4号富盛大厦2座　邮编　100029）
承 印 者：北京雅昌艺术印刷有限公司

开　　本：787mm × 1092mm　1/32　　印　　张：7.75　　字　　数：96千字
版　　次：2020年1月第1版　　印　　次：2022 年7月第4 次印刷
京权图字：01-2019-5472
书　　号：ISBN 978-7-5217-0882-0
定　　价：68.00元

「序」

半重瓣阿尔巴玫瑰
Rosa×*alba* 'Semi-plena'

5月，明媚的清晨，玫瑰园里古老玫瑰的花瓣上宿露犹存，随着气温上升，飘散出甜美的香气。循着香气，沿小径走向深处，只见那些曾经在古典绘画中被描绘的玫瑰，竟然以画中的风姿存活于现实世界中。仔细观察它们的每一处细节，无论是花蕾、花朵，还是叶和刺，实际上，都有着超乎想象的令人惊叹的多变性。

很多古老玫瑰都是因偶然杂交而

诞生，突然出现在育种家眼前的，然后被命名、繁殖。野生的蔷薇是靠种子繁殖；而古老玫瑰因为是杂交品种，所以播下它们的种子，可能产生与亲本完全不同的后代，所以，古老玫瑰不能用种子来繁殖，一般来说只能采用嫁接或扦插的方式。并且，蔷薇虽说是木本植物，但是也不能像大树那样一直生长，因此每一株古老玫瑰都是传承至今的克隆个体。数百年来，古老玫瑰经过不同人的反复繁殖，被倾注了极深的情感。它们是被一直守护至今的宝物。

每一株古老玫瑰的背后都有着传世的故事。书中100个关于古老玫瑰[1]的故事，有的是讲述它们的由来，有的则是传递当年为它们命名的育种家们的心思。当我们了解了这些背后的故事，再面对这些古老的玫瑰时，就会对它们的诞生产生出一种跨越时空的感动。

古老玫瑰虽然每年都会开放，但是，美丽的瞬间转瞬即逝。为了将这一刻化为永恒，让我们通过这些在凝视时几乎可以闻到玫瑰香气的精细写真，一边倾听100个有关古老玫瑰的故事，一边徜徉在书中的玫瑰园里吧。

御巫由纪

目 录

古老玫瑰的系统 / 1

玫瑰的时光旅程 / 26

【高卢玫瑰系统】

高卢玫瑰 / 28
药用高卢玫瑰 / 30
双色高卢玫瑰 / 32
托斯卡尼 / 35
查尔斯磨坊 / 37
苏丹美妃 / 39
昂古莱姆公爵夫人 / 40
伊普西兰蒂 / 43
卡麦尤 / 44
阿兰·布兰查德 / 46
美女伊西丝 / 49
黎塞留主教 / 50

何谓古老玫瑰 / 52

【大马士革玫瑰系统】

大马士革玫瑰 / 54
双色大马士革玫瑰 / 56
三十瓣 / 58
塞西亚娜 / 60
勒达 / 63
布鲁塞尔城 / 64
哈迪夫人 / 66
柴特曼夫人 / 68

【阿尔巴玫瑰系统】

半重瓣阿尔巴玫瑰 / 70
大花阿尔巴玫瑰 / 72
红脸少女 / 74
克罗莉斯 / 76
苏菲公主 / 78
菲利赛特·帕门提埃 / 81
淡粉花球 / 82
美爱 / 84

【百叶玫瑰系统】

百叶玫瑰 / 86
酒红花球 / 88
布拉塔 / 90
小丽赛 / 92
羽萼玫瑰 / 94
布兰切弗洛尔 / 96
方丹·拉图 / 98

【苔藓玫瑰系统】
苔藓玫瑰“慕斯科萨” / 100
莱恩尼 / 102
夜之冥想 / 104
罗切兰贝尔夫人 / 106
莎莱 / 108
威廉·罗伯尔 / 110
亨利·马丁 / 112
日本苔藓玫瑰 / 114

中国的古老月季 / 116

【中国月季系统和
中国的古老玫瑰系统】
施氏猩红月季 / 119
月月粉 / 老红脸 / 120
蒙扎美人 / 122
猩红单瓣月季 / 125
英迪卡大花 / 126
维苏威火山 / 129
绿萼 / 130
路易·菲利普 / 133
史密斯帕里斯 / 134
大红超级藤本 / 136
蝴蝶月季 / 138
凯拉伯爵夫人 / 140
苏菲常青月季 / 142
黄木香 / 145
重瓣老玫瑰 / 147
重瓣缫丝花 / 149

日本古老玫瑰的历史 / 150

【波特兰玫瑰系统】
乔治纳·安尼 / 152
香堡伯爵 / 154
雅克·卡地亚 / 156
雷斯特玫瑰 / 158

【诺伊赛特玫瑰系统】
查普尼斯粉色花 / 161
红星诺伊赛特 / 162
布冈维尔 / 164
细流 / 166
黄铜 / 169
拉马克 / 171
黄金之梦 / 173
卡利埃夫人 / 174
阿里斯特·格雷 / 177

【波旁玫瑰系统】
波旁皇后 / 179

路易·欧迪 / 180
白花拉菲特 / 182
奥古斯特·查尔斯夫人 / 185
瑟芬娜 · 德鲁安/186
勒内·维多利亚 / 189

古老玫瑰的未来 / 190

【茶香月季系统】
拉·帕克托尔 / 192
德文郡玫瑰 / 194
萨福拉诺 / 197
佛见笑 / 199
布拉维夫人 / 200
布拉邦公爵夫人 / 203
穆歇·提利埃 / 204
弗朗西斯·杜布雷 / 206
加利尔尼将军 / 208
希灵顿女士 / 210
克莱门蒂娜·加布尼埃 / 213
丽江路边藤本 / 214

【杂交阿尔文蔷薇系统】
光辉 / 216

【杂交多花蔷薇系统】
卢瑟里亚娜 / 219
罗斯玛丽紫花 / 220

【杂交草原蔷薇系统】
巴尔的摩美人 / 223

【杂交常青玫瑰系统】
普雷沃斯女爵 / 224
约兰达·阿拉贡 / 227
勒内·维奥莱塔 / 229
维克托·瓦尔兰德 / 230
紫袍玉带 / 233
卡尔德国白花 / 235

后记 / 236

古老玫瑰的系统

玫瑰可以根据它们的由来、形态和开花期等性质，分成不同的系统。

本书介绍了 14 种不同系统[2]的古老玫瑰，全书根据各个系统的形成年、系统内则根据每个品种的形成年代顺序刊载。

高卢玫瑰
Rosa gallica

美女伊西丝
Belle Isis

阿兰·布兰查德
Alain Blanchard

高卢玫瑰系统
Gallicas
p28 ~ p51

托斯卡尼
Tuscany

苏丹美妃
La Belle Sultane

查尔斯磨坊
Charles de Mills

双色高卢玫瑰
Rosa gallica versicolor

昂古莱姆公爵夫人
Duchesse d'Angoulême

伊普西兰蒂
Ipsilanté

药用高卢玫瑰
Rosa gallica officinalis

卡麦尤
Camaïeux

黎塞留主教
Cardinal de Richelieu

哈迪夫人
Mme Hardy

大马士革玫瑰系统
Damasks
p54 ~ p69

柴特曼夫人
Mme Zöetmans

勒达
Léda

塞西亚娜
Celsiana

双色大马士革玫瑰
Rosa × damascena versicolor

大马士革玫瑰
Rosa × damascena

三十瓣
Rosa × damascena trigintipetala

布鲁塞尔城
La Ville de Bruxelles

克罗莉斯
Chloris

淡粉花球
Pompon Blanc Parfait

半重瓣阿尔巴玫瑰
Rosa × *alba* 'Semi-plena'

菲利赛特·帕门提埃
Félicité Parmentier

大花阿尔巴玫瑰
Rosa × *alba* 'Maxima'

红脸少女
Maiden's Blush

阿尔巴玫瑰系统
Albas
p70~ p85

美爱
Belle Amour

苏菲公主
Sophie de Bavière

小丽赛
Petite Lisette

百叶玫瑰系统
Centifolias
p86 ~ p99

酒红花球
Pompon de Bourgogne

羽萼玫瑰
Cristata

布兰切弗洛尔
Blanchefleur

方丹·拉图
Fantin-Latour

百叶玫瑰
Rosa × centifolia

布拉塔
Bullata

威廉·罗伯尔
William Lobb

日本苔藓玫瑰
Mousseux du Japon

苔藓玫瑰“慕斯科萨”
Rosa × centifolia muscosa

莎莱
Salet

苔藓玫瑰系统
Moss Roses
p100 ~ p115

罗切兰贝尔夫人
Mme de la Rôche-Lambert

亨利·马丁
Henri Martin

夜之冥想
Nuits de Young

莱恩尼
Laneii

英迪卡大花
Indica Major

史密斯帕里斯
Smith's Parish

黄木香
Rosa banksiae lutea

中国月季系统和中国的古老玫瑰系统
Chinas & Old Roses in China
p118~ p149

绿萼
Green Rose

蝴蝶月季
Mutabilis

维苏威火山
Le Vésuve

凯拉伯爵夫人
Comtesse du Caÿla

月月粉 / 老红脸
Old Blush

重瓣老玫瑰
Rosa × maikwai

苏菲常青月季
Sophie's Perpetual

重瓣缫丝花
Rosa roxburghii

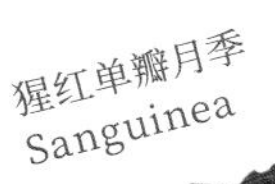

猩红单瓣月季
Sanguinea

大红超级藤本
Cramoisi Supérieur, Climbing

蒙扎美人
Bella di Monza

施氏猩红月季
Slater's Crimson China

路易·菲利普
Louis-Philippe

乔治纳·安尼
Joasine Hanet

雅克·卡地亚
Jacques Cartier

香堡伯爵
Comte de Chambord

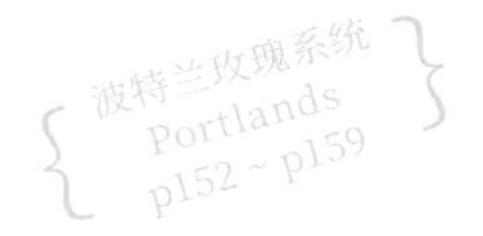

波特兰玫瑰系统
Portlands
p152 ~ p159

雷斯特玫瑰
Rose de Rescht

奥古斯特·查尔斯夫人
Souv de Mme Auguste Charles

白花拉菲特
Mlle Blanche Lafitte

波旁皇后
Queen of Bourbons

路易·欧迪
Louise Odier

勒内 · 维多利亚
Reine Victoria

瑟芬娜 · 德鲁安
Zéphirine Drouhin

查普尼斯粉色花
Champneys' Pink Cluster

诺伊赛特玫瑰系统
Noisettes
p160 ~ p177

卡利埃夫人
Mme Alfred Carrière

黄铜
Jaune Desprez

细流
Narrow Water

布冈维尔
Bougainville

拉马克
Lamarque

黄金之梦
Rêve d'Or

红星诺伊赛特
Blush Noisette

阿里斯特·格雷
Alister Stella Gray

克莱门蒂娜·加布尼埃
Clementina Carbonieri

佛见笑
Fortune's Double Yellow

希灵顿女士
Lady Hillingdon

萨福拉诺
Safrano

茶香月季系统
Tea Roses
p192 ~ p215

拉·帕克托尔
Le Pactole

布拉维夫人
Mme Bravy

丽江路边藤本
Lijiang Road Climber

布拉邦公爵夫人
Duchesse de Brabant

穆歇·提利埃
Monsieur Tillier

加利尔尼将军
Général Galliéni

德文郡玫瑰
Devoniensis

弗朗西斯·杜布雷
Francis Dubreuil

卢瑟里亚娜
Russelliana

杂交多花蔷薇系统
Hybrid Multiflora
p218 ~ p221

罗斯玛丽紫花
Rose-Marie Viaud

光辉
Splendens

杂交阿尔文蔷薇系统
Hybrid Arvensis
p216 ~ p217

卡尔德国白花
Frau Karl Druschki

巴尔的摩美人
Baltimore Belle

杂交草原蔷薇系统
Hybrid Setigera
p222 ~ p223

约兰达·阿拉贡
Yolande d'Aragon

紫袍玉带
Baron Girod de l'Ain

勒内·维奥莱塔
Reine des Violettes

杂交常青玫瑰系统
Hybrid Perpetuals
p224 ~ p235

维克托·瓦尔兰德
Souv de Victoire Landeau

普雷沃斯女爵
Baronne Prévost

【高卢玫瑰系统】

Gallicas

这是古老玫瑰的起源。是从野生种法国蔷薇突然变异的个体中选拔出的品种群。

【大马士革玫瑰系统】

Damasks

由野生种法国蔷薇和其他野生种（有腓尼基蔷薇等多种说法）杂交而成的品种群，最初作为香料来源进行栽培。

【阿尔巴玫瑰系统】

Albas

由野生种狗蔷薇和大马士革玫瑰系统杂交而成的品种群。其浅淡的花色和高雅的香气独具特色。

【百叶玫瑰系统】

Centifolias

本系统为大马士革玫瑰系统和阿尔巴玫瑰系统的杂交品种群，于16世纪前后诞生，其特征为有着花瓣繁多的花型，可谓古老玫瑰的理想形态。

【苔藓玫瑰系统】

Moss Roses

因百叶玫瑰的突然变异而在 17 世纪诞生的品种群，有着松脂芳香，苔藓状纤毛从花萼覆盖到枝条。

【中国月季系统和中国的古老玫瑰系统】

Chinas & Old Roses in China

18 世纪末，中国月季系统的四季开放花型品种从中国传到欧洲，并在欧洲迅速发展出大量新的品种。除了月季，中国还有原种玫瑰、“重瓣缫丝花”等众多古老的玫瑰品种。

【波特兰玫瑰系统】

Portlands

最早的品种为“波特兰公爵夫人”。1800 年，由在意大利的波特兰公爵夫人发现并带到英国。推测应该是由“秋大马士革”和“施氏猩红月季”杂交而成，但是最近的研究又对它是否真有中国月季系统的血统产生了怀疑。

【诺伊赛特玫瑰系统】

Noisettes

最早的品种“查普尼斯粉色花”（Champneys' Pink Cluster, 1811）是由麝香蔷薇和中国月季“月月粉”杂交而成。之后诺伊赛特兄弟将此品种的实生[3]后代“红星诺伊赛特”在法国推广开来。

【波旁玫瑰系统】

Bourbons

本系统最早的品种“爱德华玫瑰”（1819年前）由法国植物学家布莱翁（Jean Nicolas Bréon）在留尼旺岛（又名波旁岛）发现并命名。经推测，这个品种应该是由“秋大马士革”和“中国月季”杂交而成。

【茶香月季系统】

Tea Roses

由来自中国的休氏粉晕香水月季或是帕氏黄花香水月季作为亲本[4]之一所培育出的品种群。如德文郡玫瑰（1838）、“萨福拉诺”（1839）。

【杂交阿尔文蔷薇系统】

Hybrid Arvensis

由欧洲原产野生阿尔文蔷薇产生的杂交品种群，又名埃尔郡玫瑰。

【杂交多花蔷薇系统】

Hybrid Multiflora

由亚洲野生多花蔷薇杂交而成的品种群。

【杂交草原蔷薇系统】

Hybrid Setigera

由北美野生草原蔷薇杂交而成的品种群。

【杂交常青玫瑰系统】

Hybrid Perpetuals

由波特兰玫瑰系统、诺伊赛特玫瑰系统、波旁玫瑰系统、茶香玫瑰系统杂交而成的品种群，如“普雷沃斯女爵”等。

玫瑰的时光旅程

高卢玫瑰

***Rosa gallica* L.**

发布年: 1753
开花季: 一季开放

高卢玫瑰[5]是古老玫瑰的祖先，为原产于欧洲的野生蔷薇。1753年，由植物分类学奠基人瑞典生物学家卡尔·冯·林奈（Carl von Linné, 1707—1778）命名，其拉丁文的意思是“法国的蔷薇”。

每次看到高卢玫瑰，它那鲜艳的粉红色花朵、端正的五枚花瓣、厚实浓绿的叶子以及密布枝条的细刺，都不禁令人有“啊，这就是玫瑰”之感。它广泛分布于欧洲南部，在原生地偶尔变异为重瓣品种，有时花瓣上还会出现条纹。

我一直期待能前往它的故乡，去看看它在自然中开放的姿态。可以说，它就是我憧憬中的玫瑰。

药用高卢玫瑰

Rosa gallica L. var. *officinalis* Thory

发布年: 1817

开花季: 一季开放

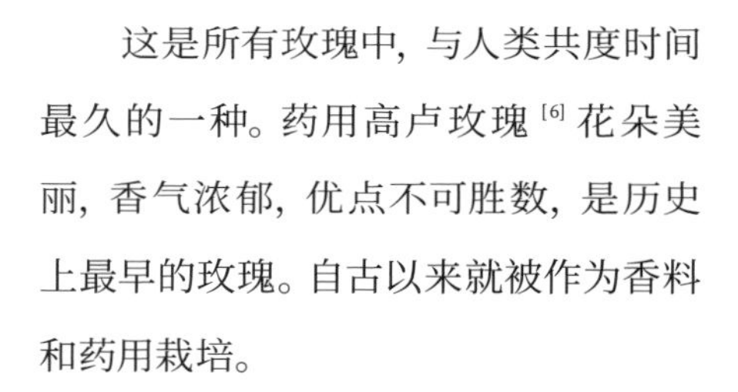

这是所有玫瑰中，与人类共度时间最久的一种。药用高卢玫瑰[6]花朵美丽，香气浓郁，优点不可胜数，是历史上最早的玫瑰。自古以来就被作为香料和药用栽培。

现在，虽然制作香料的原料已经被大马士革玫瑰所取代，但是在此之前，香料都是用药用高卢玫瑰制成的。13世纪，巴黎东南的小城普罗旺（不是地中海沿岸的普罗旺斯省）因盛产药用高卢玫瑰，被称为“普罗旺的药剂师玫瑰”（The Apothecary's Rose of Provins）。

双色高卢玫瑰

Rosa gallica L. var. *versicolor* L.

别名：罗莎·蒙迪（Rosa Mundi）
发布年：1762
开花季：一季开放

与古老玫瑰相遇，始于我读研究生期间，那时候我的研究题目是“玫瑰花瓣的色素”，需要将野生玫瑰和古老玫瑰的品种一口气都背下来。曾有一段时间，双色高卢玫瑰和双色大马士革玫瑰（别名“约克和兰开斯特”）这一对名字很接近的品种，令我感到非常困惑。

然而，若是看到实物，就会发现双色高卢玫瑰颜色鲜艳且对比分明，而双色大马士革玫瑰的花瓣则颜色朦胧，如同晕染过一般，两者其实并不容易混淆。

托斯卡尼

Tuscany

发布年：1597 年前

开花季：一季开放

在英国植物学家约翰·杰拉德《本草要义》（1597 年出版）一书中，曾经记载了一种名为“天鹅绒”（Velvet）的玫瑰，它就是“托斯卡尼”。“托斯卡尼”的花瓣，表皮细胞如同天鹅绒的绒面一般细长竖立，细胞之间形成的阴影，使得花色看起来更加浓重。据说，“托斯卡尼”的名字来源于花朵的颜色，那深紫红色犹如托斯卡纳的红葡萄酒。

19 世纪，从托斯卡尼的种子苗中培育出了“超级托斯卡尼”（Tuscany Superb），其花瓣更多，花朵和叶子也更大，两种玫瑰有时候不免会混淆。

查尔斯磨坊

Charles de Mills

别名：比扎雷·托翁凡（Bizarre Triomphant）
发布年：1786 年前
开花季：一季开放

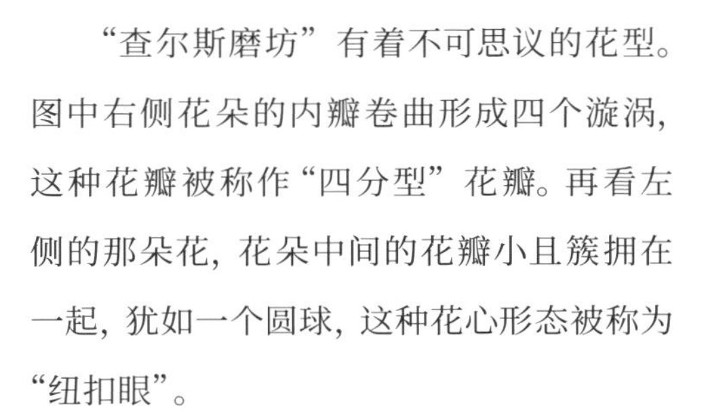

“查尔斯磨坊”有着不可思议的花型。图中右侧花朵的内瓣卷曲形成四个漩涡，这种花瓣被称作“四分型”花瓣。再看左侧的那朵花，花朵中间的花瓣小且簇拥在一起，犹如一个圆球，这种花心形态被称为“纽扣眼”。

因为特有的古老玫瑰花型，以及紫色夹杂红色与栗色的复杂花色，“查尔斯磨坊”成为全世界玫瑰爱好者所钟爱的品种。

关于这个品种名字的由来一直都是个谜。名字里的查尔斯到底是何方神圣，至今没有确切的答案。其别名“比扎雷·托翁凡”，则最早出现在 1786 年出版的一本德国玫瑰目录上。

苏丹美妃

La Belle Sultane

别名：马赫卡（Maheka）、维奥拉（Violacea）
国家：荷兰
发布年：1795 年前
开花季：一季开放

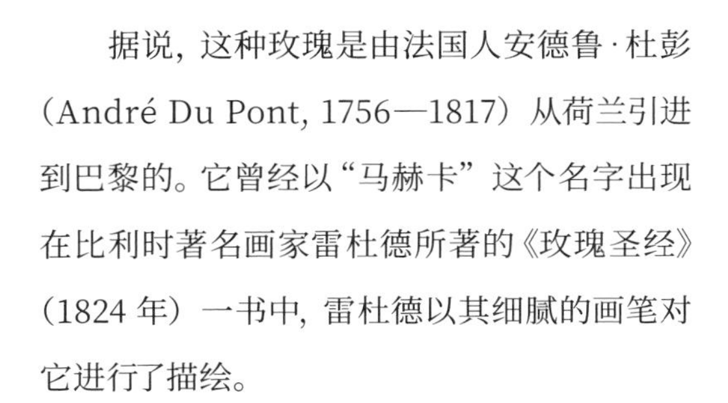

据说，这种玫瑰是由法国人安德鲁·杜彭（André Du Pont, 1756—1817）从荷兰引进到巴黎的。它曾经以“马赫卡”这个名字出现在比利时著名画家雷杜德所著的《玫瑰圣经》（1824 年）一书中，雷杜德以其细腻的画笔对它进行了描绘。

据说，“苏丹美妃”这个有着土耳其风情的名字，来自拿破仑皇后约瑟芬（Joséphine de Beauharnais, 1763—1814）堂妹的故事。她在从留学地法国返回位于加勒比海的故乡马提尼克岛途中，被海盗俘虏，之后又成为土耳其王妃。然而，这只是一个传闻，很难断定其真伪。

昂古莱姆公爵夫人

Duchesse d'Angoulême

育种者：让-皮埃尔·维贝尔
（Jean-Pierre Vibert, 1777—1866）
国家：法国
发布年：1821
开花季：一季开放

昂古莱姆公爵夫人是指法国国王路易十六和玛丽·安托瓦奈特王后的长女玛丽-特蕾西（Marie-Thérèse Charlotte de France, 1778—1851）。这种玫瑰由法国育种专家让-皮埃尔·维贝尔培育成功。

它的花瓣近于透明，有着贝壳般的质感，花心部分却颜色颇浓，姿态明丽，引人注目。本品种发布于拿破仑逝世之年，这一年，曾经显赫一时的波旁王族吃尽苦楚。

伊普西兰蒂

Ipsilanté

育种者：让-皮埃尔·维贝尔
国家：法国
发布年：1821
开花季：一季开放

初见这种玫瑰，是在福岛县双叶町的双叶玫瑰园。它的植株健壮且没有瑕疵，花朵多而饱满，四分型的花瓣富丽堂皇，中心色深，周围则带有淡淡的紫丁香色。满开之时，看不见叶子。可惜，因东日本大地震造成的福岛核电事故，夺走了当地的这一宝物。

“伊普西兰蒂”因法兰西帝国时代的俄国军人亚历山大·伊普西兰蒂（Alexander Ypsilanti, 1792—1828）而得名。他曾参与援助1821年开始的希腊独立战争，育种者法国人让-皮埃尔·维贝尔将它献给了这位年轻的英雄。

卡麦尤

Camaïeux

育种者：简德龙（Gendron）
发布者：让-皮埃尔·维贝尔
国家：法国
发布年：1826
开花季：一季开放

具有条纹花瓣的古老玫瑰数量并不多，“卡麦尤”算是其中较为古老的品种。它的花瓣为象牙色，上面的条纹最初为红色，然后逐渐变为紫色，最后褪成丁香色。虽然没有波旁玫瑰系统和杂交常青玫瑰系统的条纹品种那样夺目，却另有一种让人忍不住驻足的可爱之态。

它由法国昂热的业余育种家简德龙培育，由同样在昂热的苗圃经营者维贝尔发布销售。我们现在已知的由简德龙培育的玫瑰只有这一品种。

阿兰·布兰查德

Alain Blanchard

育种者：科克莱尔（Coquerel）
国家：法国
发布年：1829 年前
开花季：一季开放

这种玫瑰，若是远看，与普通红玫瑰并无区别；走近后，却会禁不住一看再看，因为它有着玫瑰中极为罕见的深紫红色带粉色斑点的花纹，英文中也用 mottled 或 dappled 来描绘这种形态。

它是高卢玫瑰系统和百叶玫瑰系统的杂交品种，有时也会被分类到百叶玫瑰系统。有的书上说它的育种者是维贝尔（培育于 1839 年），但在 1829 年的法国玫瑰目录上，它是作为法国人科克莱尔的作品登场的，所以我还是将它的育种者确认为科克莱尔。

美女伊西丝

Belle Isis

育种者：帕门提埃（Parmentier, L.-J.-G.）

国家：比利时

发布年：1845 年前后

开花季：一季开放

在英国育种专家大卫·奥斯汀（1926—2018）所培育的英国玫瑰中，有一系列具有没药[7]香型的品种群，其中最初的品种——“康斯坦司精神”之所以具有没药香气，正是因为交配亲本使用的是这种名字叫作“美女伊西丝”的玫瑰。

“美女伊西丝”的名字来自埃及女神伊西丝，除了浓郁的没药香气，其淡雅的花色和细致的萼片都令人无法相信它是高卢玫瑰。为什么会是这个样子呢？这些未解之谜，正是古老玫瑰不可思议的魅力所在吧。

黎塞留主教

Cardinal de Richelieu

育种者：帕门提埃
国家：比利时
发布年：1847 年前
开花季：一季开放

在深色花朵众多的高卢玫瑰中，紫色的“黎塞留主教”是颜色最深的一种。它叶子平滑，枝条上皮刺较少，令人不由得怀疑它是不是和中国月季杂交的品种。

在法语中，“Cardinal”是红衣主教的意思。历史上，黎塞留既是天主教枢机，也是一位政治家，曾担任法国国王路易十三的首相，在大仲马的小说《三剑客》中也有出现。

这种玫瑰多被认为是由荷兰的范西昂（Van Sian）培育，由法国拉菲依苗圃发布销售。但是，在 1851 年发行的比利时玫瑰目录中，实际上已提到本品和前面的“美女伊西丝”，二者都是由比利时人帕门提埃所培育的。

何谓古老玫瑰

药用高卢玫瑰
Rosa gallica officinalis

全世界野生蔷薇品种广泛分布于北半球的温带区域，有 150~200 种。日本有野蔷薇、野玫瑰，中国、北美乃至欧洲和中东、近东也都有各自的野生蔷薇品种。因法国蔷薇野生种中突然变异出重瓣大花的药用高卢玫瑰，之后，欧洲人将其作为药材和香料开始栽培，由此才开始了古老玫瑰的历史。继而，从野生品种里选育出高卢玫瑰。经过不同时期育种家们的辛苦努力，通过各种形式的杂交，才诞生了众多的品种，产生了美丽和香气并存的园艺玫瑰。

18 世纪末至 19 世纪初，中国月季传入欧洲。这一时期，法兰西第一帝国皇帝拿破仑一世的皇后约瑟芬倾心于收集各种玫瑰，这使得玫瑰在园艺植物中脱颖而出。约瑟芬去世后，玫瑰的人气不减，继续成为欧洲花园的主角。

关于古老玫瑰的定义，各国甚至不同的人对此都看法不一。本书采用了“将杂交茶香月季系统诞生之前所存在的玫瑰系统称为古老玫瑰”这一说法。最早的杂交茶香月季品种是发布于 1867 年的“法兰西”，因此，我们将 1867 年之前所存在的玫瑰系统都归于古老玫瑰；并且，只要是可列入这些系统的玫瑰品种，例如茶香月季系统的“希灵顿女士”，虽然 1910 年才发布，但也被列入古老玫瑰。

现代育种家所培育的现代月季，花与叶子看起来富丽堂皇，且四季开放、耐病性强，从这些特点来看，现代月季要远远优于古老玫瑰。但是，我们仍然可以从古老玫瑰身上感受到无穷的魅力。在欧美等国，古老玫瑰被认为是“经过时光历练的古老宝物”，这不仅仅是因为它们具有纤细的美感，更重要的是，它们和人类一起度过了漫长的岁月，经历了包括自然条件改变在内的各种历练，是人类历史上不可替代的陪伴。

大马士革玫瑰

Rosa × *damascena* Mill.

别名：夏大马士革玫瑰（Summer Damask）
发布年：1768
开花季：一季开放

大马士革玫瑰[8]主要用于制作玫瑰香精，保加利亚、土耳其、法国、摩洛哥为其主要产地。它还可以用来提取玫瑰精油、制成玫瑰花水，其中用玫瑰花水制作的甜品——土耳其软糖特别有名。

13世纪，欧洲十字军从叙利亚首都大马士革将这种玫瑰带回欧洲。也有一种说法，认为该种玫瑰活体引入欧洲其实要晚于这个时间。它的学名是由任职于英国切尔西草药园的植物学者菲利普·米勒（Philip Miller，1691—1771）于1768年命名的。

双色大马士革玫瑰

Rosa × *damascena* Mill. f. *versicolor* (Weston) Rehder

别名：约克和兰开斯特（York and Lancaster）

发布年：1949

开花季：一季开放

这种玫瑰开放之时，花朵为粉色、白色和粉白色交杂，为多色花朵。

与学名相比，它的别名“约克和兰开斯特”更加广为人知。它得名于英国历史上著名的玫瑰战争（1455—1485）。那是一场长达30年、为了争夺王位继承权而进行的战争。战争双方的徽章分别为约克家族的白玫瑰和兰开斯特家族的红玫瑰。最终，战争以兰开斯特家族的亨利七世和约克家族的伊丽莎白联姻而结束，并开启了都铎王朝的新时代。皇室徽章则由红玫瑰与白玫瑰共同组成，称为“都铎玫瑰”。

三十瓣

Rosa × *damascena* Mill. var. *trigintipetala* (Dieck) Koehne

别名：喀山玫瑰（Kazanlik）
国家：保加利亚
发布年：1893
开花季：一季开放

大马士革玫瑰系统中有一季开放的夏大马士革和夏秋两季开放的秋大马士革。

“三十瓣”是夏大马士革的代表品种，因其每朵花大概有三十片花瓣的特征而得名。它是大马士革玫瑰主要产地之一的保加利亚的喀山市，为生产香料而专门培育的品种。

根据 2000 年日本学者岩田光的 DNA 序列分析，夏大马士革和秋大马士革都是由麝香蔷薇与法国蔷薇杂交后，再与腺果蔷薇杂交而成的。

塞西亚娜

Celsiana

国家：荷兰

发布年：1732 年前

开花季：一季开放

全世界的玫瑰爱好者有一个名为世界月季联合会的组织。每次聚会时，最容易听到的对答就是："你最喜欢什么玫瑰呢？""只要是看到的玫瑰，就是最喜欢的玫瑰。"

这样说虽然很矛盾，但是每当我看到"塞西亚娜"时，就不禁想起这句话。这种花有着蓝绿色的叶子，花朵由粉色渐变为白色。无论是叶子还是花朵，在大马士革玫瑰系统中，它都属于大型玫瑰，看起来很富贵的样子。如果不是出现在眼前，我经常会忘记它，但是一旦看见它，心神就都会为之所夺。它的名字得自将它从荷兰引进法国的法国园艺家塞尔斯（Jacques Philippe Martin Cels, 1740—1806）。

勒达

Léda

国家: 英国
发布年: 1827 年前
开花季: 一季开放

“勒达”是一种无论何时看见都让人觉得格外可爱的玫瑰。它的花朵中心是紧凑的纽扣眼，叶子则十分的圆润，看起来非常有女人味。

对它来说，“勒达”是一个非常适合的名字。在希腊神话中，勒达是斯巴达国王的妻子，被化身为天鹅的宙斯所诱惑，产下两只金鹅蛋。其中一个蛋中诞生的美女就是后来引发了特洛伊战争的海伦。这个故事也是文艺复兴时期深受青睐的绘画题材。

由于“勒达”白色的花瓣边缘晕染了一圈红色，所以又被称为“红晕大马士革”（Painted Damask）。

布鲁塞尔城

La Ville de Bruxelles

育种者：让-皮埃尔·维贝尔
国家：法国
发布年：1837 年前
开花季：一季开放

现在的我们很难想象 19 世纪欧洲的样子，法国巴黎的育种家维贝尔将这种玫瑰命名为“布鲁塞尔城”到底又是什么意思呢？

1830 年，比利时在独立革命后，脱离荷兰宣布独立；1831 年，布鲁塞尔成为比利时的首都。或许，这种玫瑰就是为了纪念此事命名的吧。

这种玫瑰有着朴素的粉色花朵、明亮的绿色叶子，以及大马士革玫瑰系统所独有的美妙香气。花瓣多，且中心为纽扣眼。

哈迪夫人

Mme Hardy

育种者：朱利安·亚历山德罗·哈迪
（Julien Alexandre Hardy, 1787—1876）
国家：法国
发布年：1831
开花季：一季开放

“哈迪夫人”诞生于1817至1859年之间，也就是距今200年前，由法国巴黎的卢森堡公园园丁主管朱利安·亚历山德罗·哈迪以自己妻子的名字命名。

今天，当我们再去卢森堡公园时，园中早已没有了玫瑰，而在当时，据说这里曾经有着整个欧洲首屈一指的玫瑰园。

“哈迪夫人”的花中心是绿眼[9]，它的花萼细裂成绿色羽毛状，极具装饰性，也很美妙。花蕾最初带有粉色，打开之后则为纯白色。

柴特曼夫人

Mme Zöetmans

育种者：马雷斯特（Marest）
国家：法国
发布年：1846 年前
开花季：一季开放

“柴特曼夫人”和“哈迪夫人”很相似，都有着强烈的大马士革玫瑰系统所具有的甜香，但形态略小。从本书所拍摄的植株的花径来看，“哈迪夫人”是6厘米，“柴特曼夫人”则是5.5厘米。不过，与“哈迪夫人”不同的是，“柴特曼夫人”待花朵完全开放后，泛粉的花蕾并不会变为纯白，而是稍带粉色，并且花朵的中心部分为纽扣眼，基本不带绿色。

关于它的育种者信息，现在我们了解的很少，仅仅知道育种者马雷斯特是和哈迪一样住在巴黎的育种专家。

半重瓣阿尔巴玫瑰

Rosa × *alba* L. 'Semi-plena'

别名: 半重瓣白蔷薇（Alba Semi-plena）
开花季: 一季开放

在拉丁文中,“阿尔巴”的意思是白色。1996 年, 在日本千叶县佐仓市诞生的阿尔巴玫瑰园, 就是以这种玫瑰来命名的。当时, 那里宛如展现古老玫瑰魅力的珍宝箱, 聚集了许多在日本其他地方都看不到的珍贵古老玫瑰。一踏入园中, 人们就会被弥漫的玫瑰香气所包围。因为这个缘故, 当坐在花园中休息区的桌边, 品尝的红茶与松饼也变得格外美味。

2006 年, 阿尔巴玫瑰园搬迁并扩建, 成为佐仓草笛之丘玫瑰园。现在草笛之丘玫瑰园导览手册封面上的图案仍然是这种玫瑰。

大花阿尔巴玫瑰

Rosa × *alba* L. 'Maxima'

别名：白蔷薇“大花”（Alba Maxima）
开花季：一季开放

曾经有一段时间，野生种和园艺种玫瑰都是用学名来记载的。现在本书是有学名的用学名，一般的通称记在别名栏里。这种大花阿尔巴玫瑰的通称，依旧是拉丁学名，这是以前的名字留下来的痕迹。自从改变命名规则后，现在园艺品种不再使用学名。但是，在古老玫瑰中，还是保留了一些学名作为通称。

“大花”（maxima）是拉丁文magnus（大）的最高级别maximus的阴性形态，意思是最大。

红脸少女

Maiden's Blush

别名：妖精的大腿（Cuisse de Nymphe）
开花季：一季开放

它的品种名 Maiden's Blush，翻译过来是红脸少女的意思，大概是指“颜色宛如少女因害羞而泛红的面颊”吧。的确花如其名，“红脸少女”娇柔可爱，只是这个非常古典的花名，由来完全不明。

另外，“红脸少女”还有各种别名，比如法语别名 Cuisse de Nymphe，意思是妖精的大腿。初次听到，可能会让人禁不住“哎”的一声，但实际上，这是法语中用来对粉红色系进行细微区分的专有颜色名。还有一种大花型的“红脸少女”，叫作 Great Maiden's Blush，翻译过来意思是“大红脸少女”。

克罗莉斯

Chloris

育种者：德斯麦（Jacques-Louis Descemet, 1761—1839）
国家：法国
发布年：1815 年前
开花季：一季开放

每逢提起“克罗莉斯”，人们总是不禁想起意大利著名画家波提切利的作品《春》。画中，春天的使者——蓝色肌肤的西风之神塞弗里斯从天而降，抓住了森林女神克罗莉斯，而当克罗莉斯被抓住时，她的口中溢出了鲜艳的花朵，化身为花神芙罗拉。花神芙罗拉的怀中抱着白色、粉色和红色的玫瑰。

法国人德斯麦是历史上最早的玫瑰专业育种家，曾经培育出 200 多个玫瑰品种，是不是因为看了《春》这幅画，他才把这种玫瑰命名为“克罗莉斯”呢？

苏菲公主

Sophie de Bavière

育种者：柯汀（Cottin）
发布者：让-皮埃尔·维贝尔
国家：法国
发布年：1827
开花季：一季开放

苏菲·德·巴伐利亚是巴伐利亚王国的公主苏菲·冯·拜仁（Sophie von Bayern，1805—1872）的法语名字。这种玫瑰由法国鲁昂的育种专家柯汀在1824年培育成功，由维贝尔公司命名，1827年在巴黎开始发售。

苏菲公主在1824年成为奥地利公爵弗兰茨·卡尔的王妃，当年这应该是在巴黎引起社会热议的事情，这种玫瑰也因此得名。本品是阿尔巴玫瑰中罕见的粉红色，花瓣坚实，恰好是后来成为奥地利皇帝之母、手握重权的苏菲公主的绝好象征。

菲利赛特·帕门提埃

Félicité Parmentier

育种者：帕门提埃

国家：比利时

发布年：1836 年前

开花季：一季开放

这是继“美女伊西丝”“黎塞留主教”之后，比利时人帕门提埃培育的第三个名作。帕门提埃一生致力于玫瑰与芍药的品种收集和育种。“菲利赛特”是女性的名字，意思是幸福。看照片可能不容易想象，其实它是花径不到 5 厘米的极小的花。花虽小，但花型周正，靠近中心部分粉色浓郁，与带有灰色调的绿叶恰好搭配。19 世纪中叶，这个品种在玫瑰的切花展览上是人气品种。

淡粉花球

Pompon Blanc Parfait

育种者：维尔第埃（Verdier, E. fils aîné）
国家：法国
发布年：1876
开花季：一季开放

在玫瑰园中，只要看到它的花枝，那种惹人怜爱的姿态就令人不由得屏住呼吸。

“淡粉花球”花的大小和“菲利赛特·帕门提埃”差不多，也是直径不到5厘米。它在阿尔巴玫瑰系统中算是很新的品种，可能是杂交多花蔷薇系统的后代。曾经，我为到底是否拍摄它还烦恼了一阵，但是一旦从它身边经过，就立刻忍不住回头去拍它了。

它的培育者维尔第埃出身于巴黎著名的玫瑰育种家族，曾培育出众多杂交常青玫瑰品种。

美爱

Belle Amour

发现者: 南希·林赛 (Nancy Lindsay, 1896—1973)
国家: 法国 / 英国
发布年: 1940 年前
开花季: 一季开放

这种玫瑰是由英国植物收集家南希·林赛在法国诺曼底的一座古老修道院里发现的, 遂将它命名为"Belle Amour"(美爱)。

这种玫瑰和高卢玫瑰系统的"美女伊西丝"都有着古老玫瑰中罕见的没药香型, 所谓没药香型, 我认为实际是类似茴香的香气。虽然这不是我喜欢的香型, 但是每次看到, 还是忍不住凑过去, 想确认一下。而它鲑鱼粉的花色, 在古老玫瑰中也非常引人注目。

百叶玫瑰

***Rosa* × *centifolia* L.**

别名：包菜玫瑰（Cabbage Rose）
　　　普罗旺斯玫瑰（Provence Rose）
发布年：1753 年
开花季：一季开放

百叶玫瑰的意思是有着一百枚花瓣的玫瑰——“*centi*”（100）加“*folia*”（花瓣 / 叶子）。学名前面的“×”是杂交种的意思，大马士革和阿尔巴玫瑰的学名中也有这个“×”，意思是它们均为杂交种。

百叶玫瑰是由中东和近东的大马士革玫瑰系统和阿尔巴玫瑰系统杂交诞生的，最迟大约在 16 世纪末被介绍到欧洲。但是最近经过杂交组合的遗传基因分析，有可能出现新的结论。

酒红花球

Pompon de Bourgogne

国家：法国

发布年：1664 年前

开花季：一季开放

这是自古流传的品种，在比利时著名画家雷杜德的《玫瑰圣经》一书中就有收录。请看该书中名为勃艮第玫瑰（*Rosa Pomponia Burgundiaca*）的图画，其中花蕾、花、叶子都和本书照片中的一模一样。我不禁感叹，在 200 年以前，雷杜德和我曾经看过同一种玫瑰。

这种玫瑰也曾用过学名“*Rosa* × *centifolia* L. var. *parvifolia* (Ehr.) Rehder”。其中“parvi”（小）加“folia”（花瓣 / 叶子）是小花瓣的意思，因为整个花的直径实际上只有 2.5 厘米。

布拉塔

Bullata

发布年: 1799 年前
开花季: 一季开放

这种玫瑰, 最吸引人的不是花而是叶子,“布拉塔”在拉丁文中是“水泡”或“水珠”的意思, 它奇妙膨起的叶子十分罕见, 有段时间也被叫作 Bullée（泡泡）玫瑰或是 Monstrous（怪物）玫瑰。

关于它的文献记录多见于 1810 至 1830 年, 这段时间是日本的“化政期”（江户文化、文政年间）, 也是万年青、松叶兰等珍奇植物受到人们青睐的园艺黄金时代。“布拉塔”大概就是巴黎的园艺家们喜欢的珍奇玫瑰吧。

小丽赛

Petite Lisette

育种者：让-皮埃尔·维贝尔
国家：法国
发布年：1817
开花季：一季开放

“小丽赛”的育种者法国让-皮埃尔·维贝尔，曾加入过拿破仑的军队，因在战斗中负伤返回了巴黎。18世纪后半叶他买下著名育种专家德斯麦的收藏品种，然后开始自己育种，这种玫瑰就是他的早期作品。

直到他退休，30年的育种生涯里，他发布的玫瑰品种竟然高达600多种。去世前夕，维贝尔对孙子说：“我的所爱只有拿破仑和玫瑰。我最恨的是打败我心中英雄的英国人，以及咬坏我玫瑰的小白虫。”

羽萼玫瑰

Cristata

别名：拿破仑羽萼（Chapeau de Napoléon）
羽萼苔藓玫瑰（Crested Moss）
发现者：科奇（Kirche）
国家：瑞士
发布年：1827
开花季：一季开放

“羽萼玫瑰”由“带有冠毛的”这一拉丁语而来，以此来形容它独特的花蕾形状。它还有个别名叫“拿破仑羽萼”，这个名字非常形象，所以更加广为人知。拿破仑死后六年，这种玫瑰在瑞士被发现。

通常，苔藓玫瑰在萼片、萼筒、花柄上都覆盖着苔藓状的纤毛，但这个品种的萼片周围夸张地裂成了羽毛状，通常被分类到百叶玫瑰系统里。

布兰切弗洛尔

Blanchefleur

育种者：让-皮埃尔·维贝尔
国家：法国
发布年：1835
开花季：一季开放

在法语中，Blanchefleur 是白花的意思。11—13 世纪，女性很喜欢以它为名字，在《亚瑟王传奇》中也有叫这个名字的女性出现。

最初看到这种玫瑰，也许会觉得“并没有名字形容的那么白嘛”，但是若把它放在以粉色花为主的百叶玫瑰系统里，就能明白这样命名的原因了。它的花朵中心是绿眼，香气是不负期望的优雅美妙的甜香，枝条则和其他百叶玫瑰一样，布满了细小的红刺。

方丹·拉图

Fantin-Latour

发现者：巴尼扬德（Edward A. Bunyard）
国家：英国
发布年：1938
开花季：一季开放

这是以法国画家方丹·拉图的名字来命名的玫瑰，由来不明。

1938—1939年间，英国育种家巴尼扬德共发布了10种玫瑰，其中被再发现的古老品种就是“方丹·拉图”和“最佳花园玫瑰”。然而，后来当英国园艺家格拉汉姆·托马斯（Graham S. Thomas，1909—2003）从玫瑰收藏家手中得到“最佳花园玫瑰”时，不知为何将其错认为“方丹·拉图”。

苔藓玫瑰“慕斯科萨”

Rosa × *centifolia* L. var. *muscosa* (Aiton) Ser.

别名：苔藓蔷薇（Common Moss）
国家：法国
发布年：1818
开花季：一季开放

“慕斯科萨”的拉丁文*muscosa*是苔藓的意思，这种玫瑰从萼片到萼筒、花柄、枝条都覆盖着苔藓状的纤毛。品种不同，苔藓状的部分形态也不同，但都具有松脂类的香气。看到苔藓玫瑰时，一定要用手稍微碰触一下那些有黏性的纤毛，然后再把手指靠近鼻子，闻闻它们独有的清爽香气。

苔藓玫瑰一般被认为是百叶玫瑰的芽变品种（突然变异），详情不明。1696年，在法国南部的卡尔卡松城就有栽培记录。

莱恩尼

Laneii

育种者：让·拉法叶（Jean Laffay, 1794—1878）
国家：法国
发布年：1845
开花季：一季开放

如果要从苔藓玫瑰中选出特别美丽的品种，那么法国让·拉法叶培育的四个品种都会入选。他将当时人们所关注的中国月季用来育种，开发出众多四季开花的品种。在他整个人生中，共发布了500多个新品种。晚年，他着手研究苔藓玫瑰的育种，也留下了很多品种。

本品在被英国的莱恩父子（Lane & Son）公司发售时，莱恩参照自己的名字，为它取了这个颇具拉丁风格的名字。

夜之冥想

Nuits de Young

育种者: 让·拉法叶
国家: 法国
发布年: 1845
开花季: 一季开放

很早以前，当时时任英国皇家玫瑰协会会长的安妮·巴德（Mrs. Ann Bird）来到草笛之丘玫瑰园。她停步在这种玫瑰前，用手碰触花萼来确认苔藓玫瑰的香气。她那颔首微笑的样子，让我感受到了苔藓玫瑰的魅力。

“夜之冥想”这个名字得自育种专家让·拉法叶。他十分崇敬英国诗人爱德华·杨（Edward Young, 1683—1765），因此以杨的代表作《夜之冥想》（*Night Thoughts*）来为它命名。

罗切兰贝尔夫人

Mme de la Rôche-Lambert

育种者：罗伯尔（Robert）
国家：法国
发布年：1851
开花季：重复开放

苔藓玫瑰一般都只在春天开放。直到 19 世纪后半叶，才培育出若干个秋季也能反复开花的品种。它们可能是继承了秋大马士革的血统，也有可能还继承了四季开放的中国月季血统。

育种家罗伯尔曾在法国昂热的育种家维贝尔手下工作，于 1851 年继承了维贝尔的事业。这种玫瑰是他初期的作品。这是一种被认为是雁来红色的独特的紫红色花，花瓣数量不少，呈浅杯型开放。

莎莱

Salet

育种者：弗朗索瓦·拉夏尔
（François Lacharme, 1817—1887）
国家：法国
发布年：1854
开花季：反复开放

这是法国里昂的育种家弗朗索瓦·拉夏尔的代表作品之一。如果单看花朵，好像属于百叶玫瑰系统，但它和苔藓玫瑰“慕斯科萨”差不多，从萼片到萼筒，都密生着亮绿色的柔软细长的纤毛，花梗和枝条上的纤毛则较少。

这种玫瑰反复开放花性较好，没有杂质的粉色花在秋季颜色稍深。发布之初曾用“常青苔藓玫瑰”的名字进行销售，也就是四季开放的苔藓玫瑰之意。

威廉·罗伯尔

William Lobb

育种者：让·拉法叶
国家：法国
发布年：1855
开花季：一季开放

威廉·罗伯尔（1809—1864）是英国维基商会的植物猎人，曾在南美和北美进行考察和收集植物。1853 年，他将加州的巨杉介绍到欧洲，引起轰动。之后不久，这种玫瑰便以“威廉·罗伯尔”的名字问世，想必就是得名于那件让全世界的植物爱好者都为之狂热的大新闻。

初开时，“威廉·罗伯尔”的花瓣为浓郁的紫红色，花瓣的背面颜色稍淡，有时还带有白色条纹；次日则褪为略带蓝意的紫罗兰色。浓色、淡色两种花色交织开放，令“威廉·罗伯尔”有着别具一格的个性之美。

亨利·马丁

Henri Martin

育种者：让·拉法叶
国家：法国
发布年：1863
开花季：一季开放

苔藓玫瑰的枝干一般有针状刺，这让它们看起来不那么柔软，所以喜欢的人很喜欢；反之，厌恶的人也非常厌恶。

“亨利·马丁”是一种非常优秀的苔藓玫瑰。它生长快，植株强健，牵引后可当作藤本栽培，而且还有着茂密的鲜红色花朵。

它以法国历史学者亨利·马丁（Bon Louis Henri Martin，1810—1883）的名字命名，而不是得名于同名的后印象派画家亨利·吉恩·吉劳姆·马丁（Henri-Jean Guillaume Martin，1860—1943）。也有地方称它为“红色苔藓玫瑰”。

日本苔藓玫瑰

Mousseux du Japon

发布年: 1899 年前
开花季: 一季开放

初次看见这种玫瑰的人，大概都会发出“啊”的一声，然后吓得慌忙退开吧。即使不这么夸张，也会把花蕾和枝条上厚厚的纤毛当成是爬满的蚜虫。

“日本苔藓玫瑰”这个名字里虽然带有“日本”二字，实际上和日本并没有什么关系。

根据文献记载，这种玫瑰最早出现在 1899 年，当时的法国正是日本热的时候，“苔藓就是日本”，这样的联想，是不是因为看过关于苔藓寺庙这类的介绍而产生的呢？

中国的古老月季

丽江路边藤本
Lijiang Road Climber

自古以来，中国就有可以食用的玫瑰。中国人将其花瓣用来制作点心、茶、酒等，很受欢迎。另外，野生的“缫丝花”，果实也叫作“刺梨”，甜中带酸，富有香气，也常被用来制作果汁和干果。当然，在古代中国，除了用于食用，早在宋朝（10 世纪前后），就已经有大量的蔷薇属品种用于观赏的记录。其中的月季、金樱子和木香花等，在江户时期之前，就已经传入日本。

18 世纪末至 19 世纪初，由中国传至欧洲的园艺品种中，最具代表性的四个品种又被称作“中国四大老种”，它们分别是施氏猩红月季（1789 年传入）、月月粉（1793 年传入）、休氏粉晕香水月季（1809 年传入）和帕氏黄花香水月季（1824 年传入）。它们独特的四季开放性、尖瓣高心[10]的花型、清爽的香气以及鲜艳的红色，都让欧洲玫瑰爱好者们梦寐以求。可以说，从中国引进这些品种后，欧洲的玫瑰世界发生了巨大的变化。

但是令人遗憾的是，其中休氏粉晕香水月季和帕氏黄花香水月季现已灭绝。然而，近年来在中国又发现了一些新的品种。例如，由英国的罗杰·菲利普和马丁·里克斯在 1993 年发现的丽江路边藤本，它是云南省丽江古城春季开放的一种茶香月季品种，这样的消息令人欣喜。

施氏猩红月季

Slater's Crimson China

学名: *Rosa chinensis* Jacq.

var. *semperflorens* (Curtis) Koehne

发布者: 基尔巴德·史莱特 (Gilbert Slater, 1753—1793)

国家: 中国 / 英国

发布年: 1789

开花季: 四季开放

但凡说起玫瑰, 脑海中浮现的都是红色的花朵。在《小王子》一书里, 小王子喜欢的也是一朵红色的玫瑰。但是最初在欧洲, 并没有这么鲜艳的红色玫瑰。

18 世纪, 英国东印度公司大船东基尔巴德·史莱特将这种鲜红的玫瑰从中国带回英国, 引起了强烈的轰动。拿破仑皇后约瑟芬听闻后, 即便当时正值英法战争, 她也不顾海上封锁, 坚持从敌国引种了这种玫瑰。

其实不仅仅是鲜红的颜色, 现代月季中传承至今的香气、花型及四季开放性, 都源自这类品种。

月月粉 / 老红脸

Old Blush

别名：帕氏粉红月季（Parsons' Pink China）
发布者：约翰·帕森（John Parsons, 1722—1798）
国家：中国 / 英国
发布年：1793 年
开花季：四季开放

如果前往中国，你会发现到处都可以看到这种月季，颜色、姿态相似，却多少又有点区别。这就是中国古老的月季“月月粉”。它的形态多种多样，传入日本后，被称为“庚申蔷薇”；传入欧洲则被称为“老红脸”。

这种月季是由一位名叫斯坦顿（George L. Staunton, 1737—1801）的植物学者引入英国的。他在跟随英国第一批访华外交使团到达中国后，在广东发现了这个品种。该品种由帕森在英国栽培成功。最初，这个品种被命名为“帕氏粉红月季”。之后，“老红脸”这个名字则更加广为流传。

蒙扎美人

Bella di Monza

育种者：路易·维洛莱西（Luigi Villoresi, 1779—1823）
国家：意大利
发布年：1818 年前
开花季：四季开放

这种广泛种植于世界各地玫瑰园的月季，是由意大利蒙扎皇家植物园的路易·维洛莱西培育成功的。不过，最近据专家考证，真正的“蒙扎美人”其实已经绝种，目前广泛种植的是名为“塞拉提佩塔拉”（Serratipetala）的品种，于 1831 年由安东尼·A. 雅克（Antoine A. Jacques）培育而成。

这种误命名的情况，在漫长的玫瑰栽培历史中也时常发生。至于最终的结论，则还需要等待一段时间。

猩红单瓣月季

Sanguinea

发布年: 1820 年前
开花季: 四季开放

意大利玫瑰研究专家赫尔加·布里修 (Mrs. Helga Brichet), 曾经教给我很多东西, 这种月季便是其中之一。它有着在中国园艺品种中几乎不存在的单瓣花, 鲜艳的红色花朵令人眼前一亮, 四季开放, 可以说是根据西方的需求培育成功的一种中国月季。

不过, 也有一种说法, 认为这种月季也可能存在名字不符的情况, 因为在 20 世纪上半叶与它相关的历史文献中, 关于它的花瓣的记录是重瓣的。看来这又是一个仿佛谜一般存在的品种。

英迪卡大花

Indica Major

发布年：1823 年前后
开花季：一季开放

我第一次知道它的存在，是学生时代，前去铃木省三先生（1913—2000）的京成玫瑰园欣赏他的玫瑰收藏之时。作为中国月季，此花却只开一季，且好像是藤本，这对当时的我来说简直不可思议。然而，它在春季那短暂的灿烂又俘获了我的心。它的花朵非常大，花径大约有 6 厘米，白色中泛着晕开的淡粉，颜色可谓绝妙至极。

这种月季也被用于砧木[11]。美国人称它为“香水月季”（Odorata）。关于它的演变历史，同样情况不明，我们现在只知道，这种花是由巴黎的维贝尔从意大利引入，然后推广开来的。

维苏威火山

Le Vésuve

育种者：让·拉法叶

国家：法国

发布年：1825

开花季：重复开放

Le Vésuve 是意大利民歌《登山缆车》（*Funiculì funiculà*）里出现的维苏威火山的法语名字。这种月季的花朵非常大，花径约为 9 厘米，给人壮美之感。花开之后，外侧花瓣的颜色会逐渐加深，直至最后变为红色，极具魅力。后期红色变深的特性是原生于中国西南部的原生种单瓣中国月季（*Rosa chinensis* var. *spontanea*）的特性。

在育种技术极不发达的年代，在中国月季被引入欧洲仅仅 30 年后，就能培育出这样的品种，不得不说这是非常了不起的。

绿萼

Green Rose

学名: 绿萼 [*Rosa chinensis* Jacq. f. *viridiflora* (Lavallée) C. K. Schneid.]
发现者: 约翰·史密斯(John Smith)
国家: 美国
发布年: 1827
开花季: 四季开放

听说“绿色玫瑰”这个名字后,待到第一次看见实物,不免有些失望。“哎,这不就是花瓣都是花萼吗?”这种月季中国自古就有,名为“蓝田碧玉”,名字很美,花看起来却有些不起眼,虽然有淡淡的香味,花朵的颜色却有些暗淡。它最大的优点是花朵持久性极佳。

西方发现这种月季是在1827年,由约翰·史密斯在美国发现的。约翰·史密斯这个名字如同日本的山田太郎一样,实在太普通了。在历史记载中,除了名字,没有留下任何其他相关的记录。1849年,该品种由费城的布斯特苗圃正式开始销售。

路易·菲利普

Louis-Philippe

育种者：格兰（Modeste Guérin，生卒年不详）
国家：法国
发布年：1834 年前
开花季：四季开放

在日本长崎县平户市，保存着一系列名为“平户神秘月季”的古老品种群，其中也有类似“路易·菲利普”的品种。它强健多花，花朵外瓣宽大，为鲜艳的红色；内瓣细小，颜色偏淡，有着鲜明的特色，看起来富丽堂皇。

在美国，这种月季多种植在墓地。育种者格兰是法国昂热的业余育种家，他恰好是法国最后一位国王路易·菲利普一世（Louis-Philippe I，1773—1850）时代的人。

史密斯帕里斯

Smith's Parish

别名：福钧的五色月季（Fortune's Five-coloured）
发现者：罗伯特·福钧（Robert Fortune，1812—1880）
国家：中国 / 英国（再发现是在百慕大群岛）
发布年：1844（再发现为 1953 年）
开花季：四季开放

在江户末年，英国植物学家罗伯特·福钧分别从江户（东京）和北京带走了大量的植物。其中，以“福钧”命名的玫瑰中的“佛见笑”和“大花白木香”[12] 都广为栽培。而这种福钧的五色月季，曾经因为绝种，一度成为一个美丽的传说。

福钧的五色月季，所谓五色是指开放时，花朵上共有白色、粉色、红色、红白渐变、条纹等五种颜色。多少年后，这种月季在百慕大群岛的史密斯牧师管辖的帕里斯教区被重新发现，那个时候它被称作“史密斯帕里斯”。

大红超级藤本

Cramoisi Supérieur, Climbing

育种者：库特里埃（Couturier fils，生卒年不详）
国家：法国
发布年：1885
开花季：重复开放

这是巴黎的育种专家库特里埃通过播种同名中国月季“大红超级”[1832年，科克罗（Coquereau）育种]的种子，而得到的实生品种。

它的枝条长而纤细，有5~6米。花开之时，纤细的花柄支撑着花径约7厘米的花朵，花朵略微低垂。若是种在拱门边，远远望去犹如一道美丽的弧线。深红色的花朵姿态美好，好似微笑着，看着下面来往的路人，令人一见难忘。

蝴蝶月季

Mutabilis

发现者：吉尔贝托·波罗麦洛
（Gilberto Borromero, 1859—1941）
国家：法属留尼旺岛
发布年：1894 年前
开花季：四季开放

1890 年，意大利贵族吉尔贝托·波罗麦洛的植物考察队在印度洋的留尼旺岛上发现了这种月季。当地人称它为 Tipo Ideale（理想形态）。植物考察队将它带回国后，吉尔贝托·波罗麦洛把它赠送给瑞士植物学者亨利·科勒冯（Henry Correvon, 1854—1939）。1934 年，科勒冯将这种月季的学名命名为 *Rosa mutabilis* Correvon。现在，此学名已经被弃用。

这种月季花开之时，初为杏黄色，随后黄色减弱，红色渐渐加深，直至变为深桃红色，非常有趣。

凯拉伯爵夫人

Comtesse du Caÿla

育种者：皮埃尔·吉耶欧（Pierre Guillot，1855—1918）
国家：法国
发布年：1902
开花季：四季开放

这种花的名字取自法国国王路易十八晚年的情人凯拉伯爵夫人（1785—1852），由法国里昂的育种专家皮埃尔·吉耶欧培育成功。

如果不是叶子出人意料的娇小，真是不免令人怀疑它是否应该在分类学上归属于中国月季系统。花朵娇艳，从花蕾初绽到凋零，每一个瞬间的变化都极富魅力。在这一点上，与传统的古老玫瑰大相径庭。

苏菲常青月季

Sophie's Perpetual

别名：德累斯顿中国月季（Dresden China）
国家：英国
发布年：1921 年前
开花季：四季开放

这个品种的月季与俄罗斯帝国最后一位驻英大使夫人苏菲·本肯道夫伯爵夫人（Sophie Petrovna Shuvalov Benckendorff，1837—1928）有关。

苏菲·本肯道夫伯爵夫人常年居住在英国。1918 年，她在萨福克郡买下宅邸——莱姆基隆大宅。因为喜欢园艺，她在自己的花园里种下了六株当时被称为“德累斯顿中国月季”的花苗。

1954 年，苏菲的孙女与其丈夫买下莱姆基隆宅邸后，便开始着手重新整理花园。他们意外地发现当年种下的六株德累斯顿中国月季竟然还有四株存活。1972 年，这四株德累斯顿中国月季开始以“苏菲常青月季”之名销售。

黄木香

Rosa banksiae R. Br. f. *lutea* (Lindl.) Rehder

国家：中国

发布年：1949

开花季：一季开放

原产于中国西南部的“单瓣白木香”（*Rosa banksiae* var. *normalis*）是木香的野生品种，枝条带刺，花朵为白色单瓣花，有着香堇菜一般的美好香气。

由“单瓣白木香”诞生了三个无刺的园艺木香品种，分别为“白色重瓣花的白木香”“黄色单瓣花的单瓣黄木香”和“黄色重瓣花的黄木香”。这些品种何时产生已无法考证，只知道“白木香”传入日本是江户时期的1760年前后，而“黄木香”则是明治时期开始传入。

重瓣老玫瑰

Rosa × *maikwai* H.Hara

国家: 中国

发布年: 1957

开花季: 一季开放

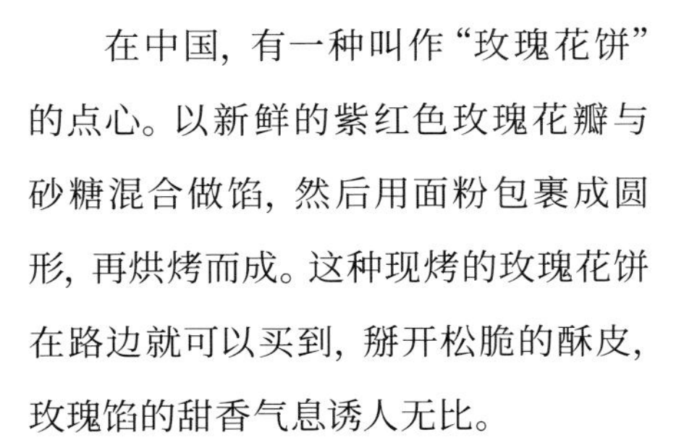

在中国，有一种叫作“玫瑰花饼”的点心。以新鲜的紫红色玫瑰花瓣与砂糖混合做馅，然后用面粉包裹成圆形，再烘烤而成。这种现烤的玫瑰花饼在路边就可以买到，掰开松脆的酥皮，玫瑰馅的甜香气息诱人无比。

中国关于蔷薇属的词语，据我所知共有四个：其中月季是四季开放；蔷薇则是指一季开放的藤本或野生品种；而玫瑰有时用来作为蔷薇属的统称，有时又单指从玫瑰杂交品种中挑选出来用来食用的品种；“长春”则更多地出现在古代诗歌等文学作品中。

重瓣缫丝花

Rosa roxburghii Tratt.

国家：中国
发布年：1823
开花季：四季开放

这种玫瑰的花型为圆形，只是缺少一角使其看上去不够圆满，这大概也是其被命名为“十六夜蔷薇”的原因，有如农历十五之后，满月逐渐生出残缺。在1807年日本出版的《本草药名备考和训钞》一书中，就是这样记载的，书中描述其为“千重瓣但又不完全开放，是重瓣花又欠缺一角”，所以叫作“十六夜蔷薇”。实际上，我觉得它并不像十六的月亮，倒是像被什么人咬了一口。

本品是来自中国的野生缫丝花品种突然产生的重瓣变异，之后被作为园艺品种一直流传至今。

日本古老玫瑰的历史

紫玉
Shigyoku

日本的野生蔷薇共有16个品种，观赏品种中最早出现的应该是来自中国的庚申月季。在《古今和歌集》《源氏物语》中，它被记录为“soubi”。现能确认的最早栽培记录，是以绘画形式出现在1309年出版的《春日权现验记绘卷》一书中。江户时代曾出现过“长春”“月季花”等汉语名字，也曾用过“庚申花”“庚申茨”等日语名字。此外，《大和本草》（贝原益轩著，1709 年出版）中也曾有过关于金樱子、缫丝花、玫瑰，以及可能是中国茶香月季的牡丹野蔷薇的记录。根据《物类品骘》（平贺源内著，1763 年出版）的记载，木香花的名字是于 1760 年由中国传来的。

江户时代结束后，日本很快开始从美国进口玫瑰品种。根据记录，1872 年政府共引进 1000 株玫瑰苗。在 1877 年出版的《各国蔷薇花镜》一书中，我们就可以看到茶香月季的“西王母”等名字，这也是日本人和西洋古老玫瑰的最初相遇。

如果以花卉的角度来看，作为西洋文化的象征，玫瑰应该最具有代表性吧。日本在引进玫瑰早期，大概是偶然出现的芽变，产生了一个独特的法国蔷薇类型的品种“紫玉”。它首次出现在由东京本乡动坂的苗圃美香园出版的《蔷薇花集》（1883 年出版）里，之后一直得到了很好的保护和关爱，直至今日，还被广泛栽培。

日本在进入大正、昭和时代后，说到蔷薇，就是指以杂交茶香月季为代表的现代月季。“为什么古代绘画中的月季，和现在通常看到的月季有这么大的差异呢？”人们也许不禁会这样想。直到 1990 年，全世界迎来了古老玫瑰的重新流行，虽然让欧美人备感怀旧的古老玫瑰，对当时的日本人来说还是一件完全崭新的事物，但是，不到 30 年后的今天，日本竟然成为古老玫瑰的栽培大国，谁又能想象得到呢？

乔治纳·安尼

Joasine Hanet

别名：格兰朵拉（Glendora）
育种者：让-皮埃尔·维贝尔
国家：法国
发布年：1847
开花季：重复开放

这个品种是以“格兰朵拉”的名字，从远在加利福尼亚名为遗产花园的苗圃，来到草笛之丘玫瑰园的。可是就在我们已经习惯了这个名字后，遗产花园的经营者格里格·劳里（Mr. Gregg Lowery）写信告诉我们，其实，这种玫瑰真正的名字叫作“乔治纳·安尼”。这真是让人大吃一惊。

原来，这种玫瑰最早发现于洛杉矶附近的格兰朵拉小镇，所以暂时以“格兰朵拉”命名。但是经过研究，最终确认它其实是一种名为“乔治纳·安尼”的玫瑰。原来在美国，喜欢玫瑰的人们也在进行着积极的研究，希望古老玫瑰能以正确的名字保存下去。

香堡伯爵

Comte de Chambord

育种者: 罗伯尔和莫罗(Robert and Moreau)
国家: 法国
发布年: 1860
开花季: 重复开放

“玫瑰色是什么颜色呢?”每次听到这个问题时, 我都很困惑, 不知如何回答。

在国外, 人们常常将“香堡伯爵”这种玫瑰的颜色称为玫瑰粉色。“香堡伯爵”(香堡指封地)名字中的这位伯爵曾是法国波旁王朝的王位继承者。当这个品种发布时, 人们还以为他会在未来登基, 但结果并没有如人们所设想的那样。波旁王朝被推翻, 这位伯爵成了法国最后一位王位继承者。

波特兰玫瑰系统是中国月季进入欧洲后最早确立的园艺系统, 这个品种的特征为花柄很短, 花朵竖直向上, 看起来十分硬朗。

雅克·卡地亚

Jacques Cartier

育种者：莫罗 - 罗伯尔（Moreau-Robert）
国家：法国
发布年：1868
开花季：重复开放

雅克·卡地亚（1491—1557）是出生于法国布列塔尼地区的探险家，曾三次率团前往北美探险，是加拿大爱德华王子岛和魁北克的发现者。

应该不止我这样认为，作为波特兰玫瑰系统的一种，“雅克·卡地亚”称得上是其代表品种。但是也有一种说法，认为它的名字有误，并推测它其实是让·德普勒在1842年培育的“马克萨·博塞拉”（Marchesa Boccella）这一品种。如果真是这样，它的名字恐怕就要从古老玫瑰的名单里消失了。

雷斯特玫瑰

Rose de Rescht

发现者: 南希·林赛(Nancy Lindsay, 1896—1973)
国家: 伊朗
发布年: 1945
开花季: 重复开放

雷斯特是伊朗西北部的贸易城市,用波斯语表示是 Rasht。英国植物收集家南希·林赛在 1945 年进行的植物探索之旅中发现了这种玫瑰。但是,《玫瑰百科全书》中曾提到“她是一个习惯说谎的人,因此这种玫瑰可能不是在波斯而是在法国发现的”。

现在,关于发现地点的真伪已经无法考证,但是在古老玫瑰爱好者中,这种玫瑰得到的极高评价却是不容置疑的。

查普尼斯粉色花

Champneys' Pink Cluster

育种者: 约翰·查普尼斯 (John Champneys, 1743—1820)
国家: 美国
发布年: 1802—1805 年前后
开花季: 四季开放

这是诺伊赛特玫瑰系统最早的培育品种，由美国人约翰·查普尼斯培育而成。

约翰·查普尼斯是美国南卡罗来纳州查尔斯顿的一位生产大米的富裕农户。在得到居住在本地的法裔园艺师菲利普·诺伊赛特赠送的“月月粉”植株后，查普尼斯用它的种子进行繁殖，最后培育出“查普尼斯粉色花”。通常认为它是麝香蔷薇与“月月粉”的杂交品种。

红星诺伊赛特

Blush Noisette

育种者：菲利普·诺伊赛特（Noisette, P.）
国家：美国
发布年：1814
开花季：四季开放

这种玫瑰就是比利时著名画家雷杜德在1821年所描绘的诺伊赛特玫瑰（*Rosa Noisettiana*）。

在“查普尼斯粉色花”培育成功后，赠送约翰·查普尼斯“月月粉”植株的法裔园艺师菲利普·诺伊赛特，将“查普尼斯粉色花”的种子寄给了自己远在巴黎的哥哥路易，由此培育出了名为“红星诺伊赛特”的玫瑰，别名为“菲利普·诺伊赛特”。它因四季开放花性和香气而深受好评。之后，人们也叫它“粉红诺伊赛特”。

布冈维尔

Bougainville

育种者：大皮埃尔·科修（Cochet, P. père, 1796—1853）
发布者：让-皮埃尔·维贝尔
国家：法国
发布年：1822
开花季：四季开放

“布冈维尔”是早期诺伊赛特玫瑰的一种，它和三角梅的学名都得自法国布冈维尔总督（1729—1811）。育种者大皮埃尔·科修的父亲，年轻时曾是布冈维尔总督的园丁，之后独立开设苗圃时，得到了总督的资金赞助。所以科修将此玫瑰以父亲恩人的名字来命名。

同时代的画家雷杜德曾描绘过紫色诺伊赛特玫瑰，虽然现在已无存留，但和这个品种非常相似，不免令人猜想它们会不会就是同一品种。

细流

Narrow Water

发布者：雏菊山苗圃（Daisy Hill Nursery）
国家：北爱尔兰
发布年：1901 年前后
开花季：重复开放
杂交亲本：纳斯塔娜（Nastarana）的芽变品种

这种玫瑰可以反复开放，一直到深秋。在秋季，它粉色的花朵更加深郁浓艳，光彩照人。

它是在北爱尔兰的纳罗瓦特城被发现的，由该城附近的雏菊山苗圃发布。育种年代不清，应该是一个古老的品种。雏菊山苗圃是由托马斯·史密斯在 1887 年创立的，除了玫瑰，它所培育的宿根紫菀、飞燕草等宿根花卉品种也备受好评。每次看到这家苗圃的名字，我总会想起《史努比》里面的雏菊山小狗农场。只有我一个人这么想吗？

黄铜

Jaune Desprez

别名：黄铜芙蓉（Desprez à Fleur Jaune）
育种者：让·德普雷（Jean Desprez）
国家：法国
发布年：1830
开花季：重复开放
杂交亲本（推测）：粉红诺伊赛特（Blush Noisette）×
帕氏黄花香水月季（Parks' Yellow Tea-scented China）

诺伊赛特系统的玫瑰具有自古以来欧洲古老玫瑰所没有的特质，例如一直开放到深秋、具有很强的四季开放性、枝条很长等。

1830 年，从现已消失的中国黄色月季“帕氏黄花香水月季”中，引入了开黄色花的遗传基因后，此系统又增加了令当时玫瑰爱好者所憧憬的黄色花色。这些引领潮流的品种是由巴黎东南耶伯尔的育种家让·德普雷培育问世的。

拉马克

Lamarque

育种者：马雷查尔（Maréchal）
国家：法国
发布年：1830
开花季：重复开放
杂交亲本（推测）：粉红诺伊赛特（Blush Noisette）×
帕氏黄花香水月季（Parks' Yellow Tea-scented China）

与同年发布的“黄铜”的橘黄色不同，“拉马克”完全不带红色，为偏白的柠檬黄。在耐寒性上，“拉马克”要稍弱于“黄铜”，但是它花大、头重，花朵微微低垂开放。育种者马雷查尔是昂热的鞋匠，因花朵的香气是茶香味，所以最初将其命名为“马雷查尔的茶香月季”，之后才以拉马克将军（Jean Maximilien Lamarque，1770—1832）的名字来命名。

黄金之梦

Rêve d'Or

育种者：让 - 克劳德·杜契
　　　（Jean-Claude Ducher, 1820—1874）
国家：法国
发布年：1869
开花季：重复开放
杂交亲本：舒尔茨夫人（Mme Schultz）实生苗

虽然这种玫瑰的名字在法语中有“黄金之梦”的意思，但实际上，花的颜色并非黄色而是杏色，这大概是因为当时的人们太期待黄色的玫瑰了，才给它取了这样的名字。

“黄金之梦”属于大型花，花径为10厘米，枝条可长至5米，适合用于拱门和栅栏的装饰。

育种者为里昂育种家让 - 克劳德·杜契。1900年，他孙女玛丽的丈夫培育出了最早的黄色杂交茶香月季“黄金太阳”。

卡利埃夫人

Mme Alfred Carrière

育种者: 施瓦兹 (Schwartz, J.)
国家: 法国
发布年: 1879
开花季: 重复开放

英国肯特郡的希辛赫斯特城堡是玫瑰爱好者的梦想之地。1930 年, 诗人维塔·萨克维尔威斯 (Victoria M. Sackville-West, 1892—1962) 在这座城堡里种下的第一株玫瑰就是这个品种。1961 年, 维塔还在报纸专栏里描写过它, 并配上了照片。他写道: “从照片上看, 它是一种白色玫瑰, 其实它的花色为贝壳粉, 散发出诺伊赛特玫瑰的美妙香气。”

确实, “卡利埃夫人” 的花瓣为透明般的淡粉色, 近乎白色。关于这朵花的回忆, 我印象最深的, 是晚年的日本育种家铃木省三先生在自家庭院里一边伸手抚摸着它, 一边说道 :“这种花的香气十分美妙。”

阿里斯特·格雷

Alister Stella Gray

育种者：亚历山大·希尔·格雷（Alexander Hill Gray）
发布者：保尔父子（Paul & Son）
国家：英国
发布年：1894
开花季：重复开放
杂交亲本：威廉·阿兰·理查德森（William Allen Richardson）×
皮埃尔·吉耶欧太太（Madame Pierre Guillot）

这种玫瑰由英国巴斯城的业余育种家亚历山大·希尔·格雷培育，保尔父子公司销售，花朵直径7厘米，属于小型玫瑰。它在黄色系诺伊赛特的品种中属于红色少而黄色多的，开花后不久就褪成白色。在一株植物上有不同深浅的花朵，可以说是黄色诺伊赛特玫瑰的进化形态。在美国也被称为“金色蔓玫”（Golden Rambler）。

波旁皇后

Queen of Bourbons

别名: 波旁女王 (Bourbon Queen)
育种者: 马格 (Mauget)
国家: 法国
发布年: 1834
开花季: 一季开放

浅杯型, 亮粉色, 花多, 一起开放时很是壮观, 确实有女王的风范。花瓣内侧颜色比外侧稍深, 带有深色的条纹。波旁玫瑰系统是受中国月季影响而诞生于西方的第三大古老玫瑰系统。秋季经常会反复开放, 在过去的文献里可见这样的描述: "波旁皇后从 6 月到 12 月一直开放" 或是 "秋季也会开放"。但是现在我们看到的基本是一季开放, 有可能是在中途出现了芽变。

路易·欧迪

Louise Odier

别名：路易·欧迪夫人（Mme Louise Odier）
育种者：大雅克 - 朱利安·马格汀
（Jacques-Julien Margottin père, 1817—1892）
国家：法国
发布年：1851
开花季：四季开放
杂交亲本：埃米尔科第埃（Émile Courtier）实生苗

无论花型还是香气，“路易·欧迪”都很出众，且反复开放，是优等生一般的玫瑰。只不过枝条过长，需要拱门或支柱支撑。

它的育种者大雅克 - 朱利安·马格汀诞生于贫穷的农家，之后作为园丁在巴黎开设苗圃，最后，无论在经济上还是政治上都取得了很大成功。这位晚年得到法国荣誉军团勋章的伟大园艺师的代表作就是“路易·欧迪”，以同时代的一位巴黎育种家的妻子（也有人说是女儿）之名命名。

白花拉菲特

Mlle Blanche Lafitte

育种者：亨利·普拉德尔（Henri Pradel）
　　　　吉洛·普拉德尔（Giraud Pradel）
国家：法国
发布年：1851
开花季：重复开放

亨利·普拉德尔和吉洛·普拉德尔是一对父子，作为法国西南部的蒙特邦的育种家，他们因培育出黄色茶香月季“马雷夏尔·奈尔”（Maréchal Niel）而闻名。

“白花拉菲特”有着波旁玫瑰系统典型的端正花型，而花色却为波旁系统里不太常见的淡色。

该品种在日本几乎无人知道。不过，它却是另一款人气很高的白色波旁玫瑰“雪球”（Boule de Neige）的亲本之一。

奥古斯特·查尔斯夫人

Souv de Mme Auguste Charles

育种者：莫罗 - 罗伯尔

国家：法国

发布年：1866

开花季：重复开放

杂交亲本：约瑟夫·帕克斯顿（Sir Joseph Paxton）的实生苗

“奥古斯特·查尔斯夫人”有着端正的莲座花型和向内卷曲的细致花瓣，关于它的名字是因何而来，已经完全无法考证。

育种者莫罗 - 罗伯尔其实不是一个人的名字，而是一家苗圃的名字。1851年著名的维贝尔苗圃继承人罗伯尔最初以自己的名字发布了这个新品种，但是在合伙人莫罗于1857年加入苗圃经营团队后，将育种者更名为“Robert and Moreau”（罗伯尔和莫罗）；1864年再次更名，这次为“Moreau-Robert”（莫罗 - 罗伯尔）。

瑟芬娜·德鲁安

Zéphirine Drouhin

育种者：比佐（Bizot）
国家：法国
发布年：1868
开花季：重复开放

没有刺是这种玫瑰最大的特征，它在阴处也可以生长良好，因此很有人气。

阿加莎·克里斯蒂于1940年出版的小说《柏棺》，虽然是推理小说，其中却有着复杂的爱情故事。故事的主要线索就是“瑟芬娜·德鲁安”这种玫瑰。在女主角玛丽被杀的房子里，墙角边开放着散发出美妙香气的粉色蔷薇花，“有着好像野玫瑰一样，不存在于凡世的气质”。不知道在看到它时，大侦探波罗知道这种玫瑰的名字吗？

勒内·维多利亚

Reine Victoria

育种者：施瓦茨（Joseph Schwartz, 1846—1885）
国家：法国
发布年：1872
开花季：重复开放

“勒内·维多利亚”是一种花径仅为5厘米的小型花，它浑圆的花型，好像匈牙利著名陶器赫兰德茶杯上画的玫瑰，超凡脱俗。

在法语中，勒内是女王的意思。这种玫瑰是当时向大英帝国鼎盛时期的维多利亚女王（Queen Victoria, 1819—1901）进献的花。本品的芽变品种，为淡粉色的波旁玫瑰“皮埃尔·欧格夫人”（Mme Pierre Oger）。

施瓦茨是里昂的育种家，“卡利埃夫人”也是他的作品。

古老玫瑰的未来

勒达
Léda

“我希望古老玫瑰有个庇护之所，当人们的兴趣改变，它们终将会有被重新发现的那一天。”

——乔治·保尔

（引自《英国皇家园艺协会》会刊，1896 年）

120 多年前的这句话，好似预言一般。果然，在 20 世纪后半叶，古老玫瑰又重获新生。世界各地都诞生了以保护古老玫瑰为目标的玫瑰园，并且这些玫瑰园都以自己丰富的收藏为荣。与普通的玫瑰园不同，这些古老玫瑰园致力于通过自己的不懈努力来确认和研究每一种古老玫瑰，使得每一个品种都能以正确的命名传承下去。

为了保护古老玫瑰，古老玫瑰爱好者们从事着各种各样的工作，他们从美国、新西兰、澳大利亚等地的古老墓地或庭院里收集不知名的古老玫瑰，然后先冠以临时的名字加以保护，再通过调查研究找到正确的命名方式。这些古老的玫瑰由于失传，有的名字虽然不同，其实却是同一种玫瑰；而有的名字相同，其实却是不同的品种。在调查研究的过程中，人们会不停地发现各种各样的问题，这就需要进行跨国合作。而这种工作方式让全世界玫瑰爱好者及相关人士通过网络更加紧密地联系在一起。

原本，在研究和保护古老玫瑰的领域，日本相对落后，但是在这近 30 年的时间里，日本从世界各地收集了很多珍贵的古老玫瑰品种，并且国内收集和展示古老玫瑰的玫瑰园也越来越多。在这样的流行趋势下，让人感到古老玫瑰的未来一定会更加光明。

拉·帕克托尔

Le Pactole

育种者：米勒（Miellez, L., 1777—1849）
国家：法国
发布年：1837 年前
开花季：四季开放
杂交亲本（推测）：拉马克（Lamarque）×
帕氏黄花香水月季（Parks' Yellow Tea-scented China）

这是一种不太为人所知的古老玫瑰。它的花小且成簇开放。有时候，它也会被分到诺伊赛特玫瑰系统。

这种玫瑰的名字源自古希腊神话中米达斯国王的故事。在故事中，米达斯国王有一双黄金之手，金手指所触及之处都会变成金子。他非常痛苦，最后通过在帕克托尔河里洗手，将这种神力转给了河水，结果河水里的沙子都变成了金子。“拉·帕克托尔”这个名字就是帕克托尔河的法语名字。它的育种者法国育种专家米勒居住在法国北部靠近比利时的地方。

德文郡玫瑰

Devoniensis

育种者：乔治·福斯特（Foster, G.）

国家：英国

发布年：1838

开花季：重复开放

杂交亲本（推测）：帕氏黄花香水月季（Parks' Yellow Tea-scented China）×
史密斯黄色中国月季（Smith's Yellow China）

德文郡玫瑰是茶香月季系统的早期品种之一，其杂交亲本的双方都已经绝种，现在无法知道更多的信息。

育种者乔治·福斯特居住在英国德文郡普利茅斯近郊，因此命名为德文郡玫瑰。初开时，如图中左侧的花一样，花型尖瓣高心，颜色为较深的粉色；次日，则变成迥然不同的淡黄色莲座状，以至看过它最初模样的人都不禁怀疑自己的眼睛。

萨福拉诺

Safrano

别名：西王母
育种者：博勒加德（Beauregard）
国家：法国
发布年：1839
开花季：四季开放
杂交亲本（推测）：帕氏黄花香水月季（Parks' Yellow Tea-scented China）×
黄铜（Jaune Desprez）

“萨福拉诺”这个名字的意思是由许多藏红花的雄蕊共同染成的一种黄色。想象一下，这大概是西班牙海鲜饭的颜色吧。它的育种者博勒加德是法国昂热的一位业余育种家，其作品中存世的只有这一个品种。

在日本，“萨福拉诺”被命名为“西王母”，这是中国神话里的人物。1877年日本出版的《各国蔷薇花镜》一书附录表格里有记载“渐变黄色，千重瓣，大花”，它的花确实比较大，花径为10厘米左右。

佛见笑

Fortune's Double Yellow

发现者: 罗伯特·福钧 (Fortune, R.)
国家: 中国 / 英国
发布年: 1845
开花季: 一季开放

“5月, 天气晴好。我前往花园时, 惊讶地发现远处的墙壁上满是黄色的花朵, 密密匝匝。尤其令人瞩目的是, 它们不是普通的黄色, 而是非常珍贵的杏黄色。我立刻跑过去仔细一看, 果然是一种迄今为止都没有见过的美丽月季。”这是19世纪英国植物学家罗伯特·福钧关于发现“佛见笑”的一段记录。他在中国浙江省宁波市发现了它, 并在当时用自己的名字命名。

每年5月的玫瑰季节是“佛见笑”盛开的时候, 它的花色由黄转橙, 成为美丽的渐变色。

布拉维夫人

Mme Bravy

育种者：吉耶欧（Guillot）
发表者：大让-巴提斯特·吉耶欧
（Jean-Baptiste Guillot père, 1803—1882）
国家：法国
发布年：1846
开花季：四季开放

我们至今无法了解更多关于“布拉维夫人”育种者的信息，只知道他是一位叫吉耶欧的园丁，后由法国人大让-巴提斯特·吉耶欧开始销售。

这种玫瑰花朵大，花柄细，开放时总有些垂头，有着很多茶香月季所共有的慵懒姿态。它的花朵中心为鲑鱼般的粉色，花瓣则是奶油色，而非纯白色，且越接近花朵的中心颜色越深，看起来非常高雅。

布拉邦公爵夫人

Duchesse de Brabant

别名：樱镜

育种者：贝耐德（Bernède, H. B.）

国家：法国

发布年：1857

开花季：四季开放

这种玫瑰得名于布拉邦公爵夫人（1836—1906），即后来的比利时王妃。

在100多年前，这种玫瑰就深得时任美国总统西奥多·罗斯福的喜爱，他经常把花蕾插在衣服的纽扣眼里。这种玫瑰在花开之时，花型先是圆形，随着中心细碎的花瓣渐次开放，最终变得如图中那样。如同渐变的花型，花色也是逐渐改变，初期较深，渐渐变淡；春季颜色浅，秋季颜色深。所以，无论何时看，它那变化多样的姿态，都非常美。

这种花由美国育种专家贝耐德培育成功。贝耐德同时也是法国波尔多的园丁，曾经培育过众多茶香月季系统和杂交常青玫瑰系统的品种。

穆歇·提利埃

Monsieur Tillier

育种者: 贝尔奈 (Bernaix, A.)
国家: 法国
发布年: 1891
开花季: 四季开放

这种玫瑰有着难以描绘的颜色，它的花朵呈粉色且夹杂着砖红色，随着花越开越大，颜色逐渐转为深红色。并且，常常在一株玫瑰上，砖红色的花和深粉色的花渐变开放，非常华丽。

不过，关于它的真实名字，早在40年前，在欧洲和美国、澳大利亚、新西兰之间就引发了很大的争议，迄今为止尚无定论。欧洲人认为，“穆歇·提利埃”其实就是晚一年发布的“阿奇杜·约瑟夫”[Archiduc Joseph, 1892, 纳博南 (Nabonnand, G.) 育种]。

弗朗西斯·杜布雷

Francis Dubreuil

育种者：弗朗西斯·杜布雷
（Francis Dubreuil, 1843—1916）
国家：法国
发布年：1894
开花季：四季开放

在茶香月季这个大花园中，这种玫瑰可谓独放异彩。首先，不同于众多茶香月季的淡水粉色，它的花色为天鹅绒一般的暗红色；其次，它的花香为大马士革的华丽甜香，而非温和的茶香。玫瑰领域重要的育种专家弗朗西斯·杜布雷，用自己的名字命名了它。

然而，尽管我们希望这一切都是真的，但是目前还有另一种说法，认为它其实是一个名字叫作“巴塞罗那”[Barcelona, 1932, 科德斯公司（W. Kordes II）培育]的较新品种。

加利尔尼将军

Général Galliéni

育种者：纳博南（Nabonnand, G.）
国家：法国
发布年：1899
开花季：四季开放
杂交亲本：纪念勒维（Souv de Thérèse Levet）×
恩玛皇后（Reine Emma des Pays-Bas）

这个好像绕口令一样的名字，取自法国民族英雄约瑟夫·西蒙·加利尔尼，他在第一次世界大战时曾任法国陆军部长一职，巴黎地铁3号线的终点站加利尔尼站也是以他的名字命名的。在这种玫瑰发布之时，他正作为新一任的殖民总督前往马达加斯加。在他当政期间，进一步扩大了法国对当地的殖民统治。

作为一种茶香月季，“加利尔尼将军”有着令人不可思议的花色。它的花色主要为鲜红色，其间夹杂着橙色和茶色，并且每一朵花的颜色都各不相同，令人印象非常深刻。虽然它花型不规整、枝条容易横向伸展，但是作为一种强健的茶香玫瑰，它仍获得了全世界玫瑰爱好者的厚爱。

希灵顿女士

Lady Hillingdon

别名：金华山

育种者：罗（Joseph Lowe）、肖雅（George Shawyer）

国家：英国

发布年：1910

开花季：四季开放

杂交亲本：贡第埃爸爸（Papa Gontier）×

侯斯特太太（Mme Hoste）

“希灵顿女士”是一种典型的茶香月季，它的枝条和新叶略带紫色，与杏黄色的花朵很相配，因此备受欢迎。它的花蕾细长，花朵却很大，花径为10厘米左右。初开之时，是端正的尖瓣高心，渐渐才变成图中这样的展开状，每时每刻变化着的姿态都颇具魅力。

“希灵顿女士”由英国伦敦西部阿克斯桥的苗圃罗和肖雅培育而成，以当地的贵族希灵顿男爵夫人之名命名。大正时代引进日本，当时名为“金华山”。

克莱门蒂娜·加布尼埃

Clementina Carbonieri

育种者：罗蒂（Massimilano Lodi，？—1936 年前后）
发布者：彭菲力苗圃（Bonfiglioli）
国家：意大利
发布年：1913
开花季：四季开放
杂交亲本：奥古斯特·维多利亚（Kaiserin Auguste Viktoria）×
纪念凯瑟琳·吉耶欧（Souvenir de Catherine Guillot）

很难想象，人工培育的品种中竟然有这样的色彩。它的花朵以橙色为主，掺杂着不规则的黄色或粉色，显得朝气蓬勃。

它是由意大利博洛尼亚的育种专家罗蒂培育、彭菲力苗圃发布的。罗蒂和彭菲力苗圃同时也是著名的“博洛尼亚美人”（Variegata di Bologna）的育种者和发布者。

有趣的是，“克莱门蒂娜·加布尼埃”这个名字，是根据居住在博洛尼亚西北马格莱塔小镇的一位爱好植物的实业家太太的名字来命名的。

丽江路边藤本

Lijiang Road Climber

别名: 丽江玫瑰(Lijiang Rose)
发现者: 罗杰·菲利普(Philips, R.)
马丁·里克斯(Rix, M.)
国家: 中国 / 英国
发布年: 1993
开花季: 一季开放

在中国海拔 2000 米以上的云南省丽江古城, 每到 5 月上旬, 老街上就会弥漫着月季的芳香。这些月季都属于本地原产的自然杂交种, 学名全称为粉红香水月季 [*Rosa odorata* (Andrews) Sweet var. *erubescens* (Focke) T. T. Yu & T. C. Ku]。它们广泛地分布在丽江一带, 花型各异, 花色深浅不一, "丽江路边藤本"[13] 就是其中的一种。

1993 年, 这种玫瑰是由到访当地的两位英国人罗杰·菲利普和马丁·里克斯发现并传播到全世界的。

光辉

Splendens

别名：埃尔郡光辉（Ayrshire Splendens）
国家：英国
发布年：1837 年前
开花季：一季开放
杂交亲本：阿尔文蔷薇（*Rosa arvensis* Huds.）杂交种

在英文中，Splendens 是“光辉”的意思。在高卢玫瑰系统中，也有一种叫作“光辉”的玫瑰，如果要详细区分的话，本品可以称为“埃尔郡光辉”。

“埃尔郡光辉”属于杂交阿尔文蔷薇系统，是欧洲的野生蔷薇杂交种，又名“埃尔郡蔷薇”，得名于苏格兰西南部的埃尔郡这一地名。它的特征显著，枝条为紫红色，生长旺盛；花朵散发着没药香气的芳香，非常独特。

卢瑟里亚娜

Russelliana

别名：纪念马伦戈（Souv de la Bataille de Marengo）
国家：法国
发布年：1826 年前
开花季：一季开放
杂交亲本：野蔷薇（*Rosa multiflora* Thunb.）的杂交种

由法国第六代贝德福公爵夫人乔治安娜·拉塞尔（Lady Georgiana Russell, ?—1867）而得名，属于杂交多花蔷薇系统。

从培育时间来看，当时多花蔷薇还没有从日本传入欧洲，所以估计它的杂交亲本是来自中国的野蔷薇园艺种。它有着细密的齿状托叶，这是野蔷薇后代的特征。另外，它还有个名字叫作纪念马伦戈，我猜这可能是一种已经绝种的蔷薇的名字。

罗斯玛丽紫花

Rose-Marie Viaud

育种者：伊格尔特（Igoult）
国家：法国
发布年：1924
开花季：一季开放
杂交亲本：蓝蔓（Veilchenblau）实生苗

这种蔷薇为鲜红色、小花、多花型蔓生蔷薇，源自1878年从日本运到英国的一种名为“特纳红蔓玫”（Turner's Crimson Rambler）的蔷薇。以此为亲本育种的结果，就是在20世纪后产生了一系列带有蓝色调的紫色品种群，其中就有“罗斯玛丽紫花”。它的花朵初开时为紫红色，渐渐红色褪尽，转为浓厚的紫色，最后褪为淡薰衣草色。在一根花枝上，却有着这么丰富的颜色变化，真是十分有趣。

这种玫瑰初开花期较晚，在玫瑰园中，其他的玫瑰几乎开完了，它才进入盛花期。

巴尔的摩美人

Baltimore Belle

育种者：塞缪尔·菲斯特（Samuel Feast, 1796—1868）
国家：美国
发布年：1843
开花季：一季开放
杂交亲本：密歇根蔷薇（*Rosa setigera* Michaux）×
不明诺伊赛特（unknown Noisette）

巴尔的摩是美国东部一座有着悠久历史的大城市。以“巴尔的摩美人”命名的玫瑰，出自在巴尔的摩近郊经营苗圃的菲斯特兄弟中的哥哥塞缪尔·菲斯特之手。他以被称为“草原蔷薇”的美国野生蔷薇为亲本，并将其种在诺伊赛特玫瑰旁边。然后通过采集选拔它们杂交授粉的种子，进而培育成功。

“巴尔的摩美人”为藤本，花期较晚。它枝条修长，花柄细弱，花蕾为粉色的圆形，开放之后却是纯白的一朵，花头微微垂着，的确是一位不折不扣的大美人。

普雷沃斯女爵

Baronne Prévost

育种者：德普雷（Desprez, J.）
国家：法国
发布者：大皮埃尔·科修
发布年：1842
开花季：重复开放

作为古老玫瑰最后的荣光，杂交常青玫瑰系统是经由波特兰、诺伊赛特、波旁、茶香等多个系统复杂交配而成的。

这种早期杂交常青玫瑰系统的品种有着古老玫瑰特有的花型和大马士革玫瑰一样的香气，株型紧凑，耐寒性强，反复开放，不太能看出它是受到了中国月季的影响。它的育种者为法国的德普雷，名字则取自德普雷的朋友——大丽花育种专家尤金·古诺[Eugène Guenou (x)]的姐妹的名字。

约兰达·阿拉贡

Yolande d'Aragon

别名：阿拉贡公主约兰达
育种者：让-皮埃尔·维贝尔
国家：法国
发布年：1843
开花季：重复开放

在意大利，有一座翡冷翠玫瑰园，它是世界上最大的私人玫瑰收藏园。在那里，无论何时，都会有意外的惊喜与发现。有一次在欣赏玫瑰时，我无意间听到不远处有两位意大利人在一株玫瑰花前谈论，“……达拉郭恩”听起来如同魔法咒语一般。待我走过去看，才发现那株玫瑰正是“约兰达·阿拉贡”。

约兰达是奥尔良战争中被贞德拯救的法国王室中的一位重要人物。没想到，一生中都很难去了解的历史人物，竟然能在玫瑰园邂逅。说起来，这样的情况还真是不少。

勒内·维奥莱塔

Reine des Violettes

育种者：米勒 - 马勒（Mille-Mallet）
国家：法国
发布年：1860
开花季：重复开放
杂交亲本：庇护九世（Pope Piux IX）实生苗

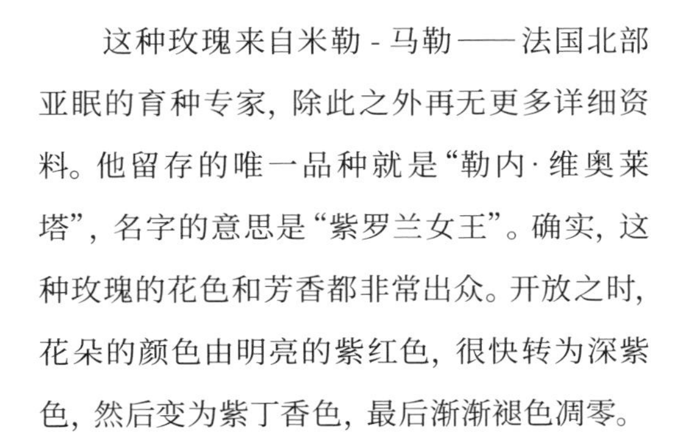

这种玫瑰来自米勒 - 马勒——法国北部亚眠的育种专家，除此之外再无更多详细资料。他留存的唯一品种就是“勒内·维奥莱塔”，名字的意思是“紫罗兰女王”。确实，这种玫瑰的花色和芳香都非常出众。开放之时，花朵的颜色由明亮的紫红色，很快转为深紫色，然后变为紫丁香色，最后渐渐褪色凋零。

这种玫瑰因1860年在巴黎博览会上获得银奖而成为当时人们热议的话题，备受推崇，这一点从当时的园艺杂志上就可以得知。正是从那个时候开始，欣赏与展示玫瑰有了越来越多的方式，比如举办展览会等，这也极大地促进了杂交常青玫瑰系统育种工作的蓬勃发展。

维克托·瓦尔兰德

Souv de Victoire Landeau

育种者：莫罗 - 罗伯尔
国家：法国
发布年：1884
开花季：四季开放

这种玫瑰来自法国莫罗·罗伯尔苗圃，莫罗·罗伯尔苗圃还发布过另一种属于波旁系统的相似名字的玫瑰“纪念维克托·瓦尔兰德”（Souvenir de Victor Landeau, 1890），所以很容易混淆。在草笛之丘玫瑰园里种植的“维克托·瓦尔兰德”柄短，株型敦实，可以看出它不属于波旁系统而是杂交常青系统。由于我们没有把它和另一个品种放在一起比较，也有可能两个品种其实是一样的，只是人们把它们分别用了不同的名字命名。

紫袍玉带

Baron Girod de l'Ain

育种者：勒韦雄（Reverchon）
国家：法国
发布年：1897
开花季：重复开放
杂交亲本：尤金弗斯特（Eugène Fürst）芽变品种

深红色的花朵，有着细致如波浪状的白色花边，好似舞者一般起伏有致，令人一见难忘。

至今，除了名字，我们对“紫袍玉带”的培育者一无所知。他大概是一位业余的玫瑰爱好者吧。想一想，就觉得这是一位谜一般的育种者。

“紫袍玉带”因法国东部安省地方的吉罗德男爵（Louis Gaspard Amédée baron Girod de l'Ain，1781—1847）而得名。还有一种玫瑰，花朵也带有白色花边，它的名字叫作“罗杰·兰贝林”[Roger Lambelin，1890，培育者为玛利-路易斯·施瓦茨（Marie-Louise Schwartz）]。与“紫袍玉带”相比，它的花色稍微浅些。

卡尔德国白花

Frau Karl Druschki

别名：不二
育种者：彼得·兰贝特（Peter Lambert,1859 or 1860—1939）
国家：德国
发布年：1901
开花季：重复开放
杂交亲本：里昂的奇迹（Merveille de Lyon）×
卡罗琳娜·德斯托太太（Madame Caroline Testout）

这是一种无论从哪个角度看都非常美好的玫瑰。拍照时，我们特意挑选了它的侧面，因为从这个角度，它那三角形的花型，看起来很像富士山，与它的日本名字“不二”[14]十分契合。

它的父本“卡罗琳娜·德斯托”是早期杂交茶香系统的代表品种。按照分类，它也可归于杂交茶香系统，但是这种玫瑰四季开放性不强，所以，一般还是把它归到杂交常青玫瑰系统。

它的育种者彼得·兰贝特，是德国特里尔城的一位育种专家。

「后记」

紫袍玉带
Baron Girod de l'Ain

每到玫瑰盛开的季节，我都会前去拜访一直期待的庭院。如果恰逢庭院位于住宅区，且几家庭院里的玫瑰一起开放，那景色真是光彩夺目。这个时候，若看到心仪的玫瑰，我必会请求主人允许我拍照。也是因为这样，我逐渐了解到古老玫瑰的魅力。

这本书创作于2017年的玫瑰季。当时我正在千叶县佐仓市的草笛之丘玫瑰园工作。每天清晨开车上班时，路边满是盛开的野蔷薇和光叶蔷薇，令人心旷神怡。待我到了玫瑰园，园里几乎没有人，漫步其中，心情真是非常愉悦。我们通常是在这个时候确定接下来要拍摄的玫瑰品种，然后，等待太阳升起，玫瑰花瓣打开，园里弥漫着玫瑰的香气。在这样的环境下拍摄，我度过了一段宛如梦一般的日子。

“布拉塔的叶子和别的玫瑰不一样，不太规整。”“羽萼玫瑰好像拿破仑的帽子。”“阿尔弗雷德·卡利埃夫人再透明一些就好了。”由这样的话语中，我慢慢学到了古老玫瑰里所蕴藏的深邃奥秘。

平时，我拍摄的都是蘑菇、杂草这类比较朴素的植物。当看到光彩夺目的玫瑰时，我的心完全被它们那压倒一切的风姿所占据，我以永远封存玫瑰之美的心情一次次按下快门。

庭院里开放的玫瑰散发着炫目的光彩，作为切花放入花瓶里的玫瑰也别有一番韵味。而当它们被拍成照片并印在纸上时，那一枝枝玫瑰，则又呈现出不同的美感。

这样美好的玫瑰，是对用心培育它们的人的感谢。这一本小书，我希望拥有它的人都能将之视作珍贵的宝物。

大作晃一

注 释

[1] 古老玫瑰：这里的100种古老玫瑰是俗称，包括月季、玫瑰和蔷薇。

——审订者注

[2] 14种不同系统：为美国月季协会所认定的蔷薇属植物园艺分类系统（ARS-Approved Horticultural Classification），非植物学分类系统。

——审订者注

[3] 实生：指的是用种子培育幼苗。

[4] 亲本：培育新品种时，新品种的双亲。提供花粉的植物叫作父本，接受花粉授粉的植物叫作母本。

[5] 高卢玫瑰：此处之"高卢玫瑰"，即植物分类学上的"法国蔷薇"。

——审订者注

[6] 药用高卢玫瑰：法国蔷薇，是欧洲栽培历史最为悠久的野生蔷薇之一。

——审订者注

[7] 没药（myrrh）：一种原产于阿拉伯和东非的树脂，自古被用于制作药材和香料。加热后会发出带苦味的香气，它的香气也被称为"没药香"。

[8] 大马士革玫瑰：从植物分类学意义上而言，此处的大马士革玫瑰，为大马士革蔷薇。因为，欧洲并无野生玫瑰原种，也就不可能出现大马士革玫瑰。大马士革玫瑰只是我国民间对这一类芳香蔷薇的俗称。

——审订者注

[9] 绿眼：花心中间雄蕊聚集成绿色纽扣状，看起来好像一只绿色的眼睛。

[10] 尖瓣高心：花瓣顶端尖突，花心包裹成内高外低、层层上卷的花朵形状，也就是我们常见的月季花形。

[11] 砧木：嫁接植物时承受接穗的植物体。如把月季枝嫁接到野蔷薇上，野蔷薇就是砧木。

[12] 大花白木香：即王国良所著《中国古老月季》中我国宋代的酴醾。作者通过基因序列分析的方法，从分子水平上印证了酴醾母本为重瓣紫心白木香，父本为金樱子[参见《园艺科学》（*HortScience*）]。酴醾和荼蘼大多不可混用，常有不同指代。

——审订者注

[13] 丽江路边藤本：英国月季专家罗杰和马丁受BBC之邀拍摄《月季寻访》（*The Quest for the Rose*）纪录片时，在我国云南丽江路边发现的一种大型藤本月季。经本人比对鉴定，该藤本月季为粉红香水月季，早已为我国蔷薇属植物分类专家俞德俊、谷翠芝先生按照国际植物命名法规正式命名，并公开发表。

——审订者注

[14] 不二：日语中不二的读法和富士山的"富士"一样，都读作fuji。

（如无特别说明，其余均为译者注）